JN100504

「空間の構造」～弁証法

（物理学・経済学・哲学の共通原理）

池田宗彰 著

御茶の水書房

「空間の構造」〜弁証法

(物理学・経済学・哲学の共通原理)

目　次

目　次

「空間の構造」～弁証法

（物理学・経済学・哲学の共通原理）

序　章

§1. はじめに
～「IUT 理論」(望月新一教授)～「ABC 予想の証明」と「公理」

筆者は，これまで経て来た人生で(現在 83 歳)，3 つの学問を，浅学乍ら学びかつ研究して来た。巻末の履歴を，恥かし乍ら御覧頂ければ了解して頂けるかも知れない。

ここに到って，3 つの学問の〝共通構造〟が見えて来た。これを，「空間の構造」と称して，記すことで，最後の記述としたい，と思った。3 つの学問とは，哲学，経済学，物理学である。〝共通構造〟は「弁証法」である。

但し，これらの学問の理論を形成する「論理」の〝出発点〟である「公理」に，何の〝重複〟(entanglement)があるとも疑っていない下でである。しかし，数学の世界で，このたび，わが国の数学者である望月新一教授(京大)が，1985 年にスイスとフランスの数学者が提示した難問「ABC 予想」を「証明」したことが報じられた。フィールズ賞級(数学のノーベル賞に相当)の業績とある。

内容については，唯一，「宇宙と宇宙をつなぐ数学」(IUT 理論の衝撃)が，加藤文元教授(東工大)によって解説されている。「IUT 理論」とは，Inter-Universal-Teichmüler-Theory の略である。

「ABC 予想」とは，整数(1 以外の同じ約数をもたない正の)a，b で，$a+b=c$。a，b，c それぞれの素因数を掛け合わせたものを d としたとき($a \cdot b \cdot c=d$)，c が d より大きくなることは珍しい，ということを「証明」することは難しい，ことを〝証明〞する問題。即ち，「$\varepsilon>0$，$K \geqq 1$，ε は任意の数，K は ε によって決まる定数のとき，

$$c<k\cdot d^{1+\varepsilon}$$

が成立する」というものである。

望月氏は，自ら構築した，「タイヒミュラー理論」(Taichmüler Theory) に基づいてこの証明をしている。この理論は，一言で云えば，現存の数学の「宇宙」では，整数の和(たし算)の「公理」と，乗法(かけ算)の「公理」とが，〝いりまじれ〞(entangled)ているので，和の「公理」と乗法の「公理」を〝分離〞する必要がある。そのために，たし算の「公理」を含む〝舞台〞(「宇宙」)と，掛け算の「公理」を含む〝舞台〞(「宇宙」)とに，あらゆる数学の道具の「宇宙」を〝分ける〞必要がある。

分けた「宇宙」同士は，もとの1つの「宇宙」と，等価でなければならないから互いに繋がっていなければならない。もともと1つであったものを人為的に分けたのだからだ。〝接続子〞になるのが，もとの「宇宙」の〝対称性〞である。

1つの「宇宙」から他の「宇宙」に〝対称性〞を運ぶものが「群」の演算である(群論)。

〝対称性〞，「群」については，後で説明を付加する。「空間」は「集合」，「写像」と共に説明する。

ここで，加藤文元氏の上掲書に依拠しつつ，望月氏「IUT 理論」の，コアの部分を概説し乍ら，拙著の結論である「弁証法」に繋げたいと思う。拙論と，IUT 理論のコアの部分が〝相似〞である。

§2. 「既存の数学」での数の公理と「IUT 理論の数学」での数の公理

先ず，「既存の数学」から，〝数〞の「公理」へ言を収斂させ，次に，「IUT」の「数学」から，〝数〞の「公理」へと話を収斂させる。〝数〞の「公

理」で，「弁証法」と繋がる。〝数″は「現象」であり，「公理」は「本質」である。

2·1 「既存の数学」からの〝数″の「公理」への収斂

2·1·1 空間と集合，写像，群，楕円関数，Θ関数，対称性

(1) 先ず，概念としての「空間」と，数学的意味での「集合」とを同じ意味と見做す。

(2)-1.「集合」(set，ensemble)とは，

〝数学的に規定できる″一定の範囲にあり，かつ，〝互いに識別できる″ものの〝全体″を云う。〝数学的に規定できる″とは，〝体系″としての〝無矛盾性″(現存「公理」下での)を充たすという意味である。現存の「公理」下では，IUT 問題，連続体問題など未解決で，連続的〝分割″，形式的〝加算″の暫定性などがその例である。〝位相構造″(近傍，収束などの概念)の導入などあるが，これが「現存公理」下の〝未解決″と関係があるか否か。

(〝空集合″をϕで表わし，〝和集合″$A_1 \cup A_2 \cup \cdots \cup A_n \equiv \Sigma^n A_i$，〝積集合″$A_1 \cap \cdots \cap A_n \equiv \overset{n}{\Pi} A_i$，集合$A$，$B$が$A \cap B = \phi$のとき，$A$，$B$は互いに〝素″といい，このとき，$A \cup B$を〝直和″$A+B$とよぶ。$A$，$B$に対し，$a \in A$，$b \in B$の組$(a, b)$の全体から成る集合を$A$，$B$の〝直積″$A \times B$とよぶ，などの定義を念のため記しておく。)

(2)-2.「集合」Sの任意の2元a，bに対し，Sの1つの元cが〝対応″づけられているとき，この〝対応づけ″を〝算法″という。cは，ab又は，$a+b$で表わされる。abを〝積″とよび，その算法を〝乗法″(かけ算)，$a+b$を〝和″とよび，算法を〝加法″(たし算)とよぶ。

(3) (1)で述べたように，〝集合″は数学的意味での〝空間″と同義に用いられるから，その〝元″を〝点″と見る場合には，その集合を〝点集合″とよぶ。即ち，〝空間″は，〝元″相当のものを〝点″とよぶ。〝元″は「集合」，〝点″は「空間」に対応する。

他方，〝位相構造″を備えたものを〝位相空間″とよび，近傍，収束などの

概念が導入される。

又，〝代数系〟については，〝線形性〟を備えた〝線形空間〟が考えられる。〝点〟は〝線形性〟に属する。

では，「位相空間」と「線形空間」の〝関係〟はどうであろうか。答えは，「位相空間」は「位相構造」(近傍，収束)に「距離」(線形性)の定義を加えると成立すると考えられる。即ち，イメージ的に書けば，

「位相空間」＝ 「線形空間」(線形性) ＋ 「位相構造」(近傍，収束)　(1·2·1)

ということになる。

(4)写像(mapping)とは，何であろうか。

集合 X と集合 Y があったとき，集合 X の任意の元 x に対して，集合 Y の１つの元 y が〝対応〟するとき，この〝対応づけ〟を，X から Y への「写像」という。写像を f で表わすとき，x に対応する元 y を $f(x)$ と書く($y=f(x)$)。Y が〝数〟の集合であるとき，写像は〝関数〟といわれることがある。

又，X から X 自身への写像は〝変換〟と云われる。変換のルールが「論理」である。〝等価変換〟は，既存の「公理」(いり乱れている)に対して，無矛盾な変換である。写像によって〝不変〟を作るルートを「位相」という。等価変換では，変換内容が「位相」である。

(5)群(group)

「集合」G の元に関して，次の「3法則」を充たす〝算法〟が定義されるとき，「集合」G は「群」である(「集合」の一種)。3法則とは

1) G の任意の〝元〟a，b，c に対して $(ab)c=a(bc)$ となる(結合法則)。

2) G に〝元〟e があって，G の任意の〝元〟a に対し $ae=ea=a$ となる。e を〝単位元〟(unit-element)という。

3) G の任意の〝元〟a に対して，ある〝元〟a' が G にあって，$aa'=a'a=e$ となる。a' を〝逆元〟といい，a^{-1}と書く。

更に，付記として：

イ) 〝可換法則〟$ab=ba$ が成り立つとき，集合 G は「可換群」という。

ロ）〝算法〟が〝加法〟である「可換群」を「加群」という。

ハ）G の任意の〝部分集合〟S が，G の〝1つの元〟から成る場合，S は「巡回群」である。

ニ）「群」G の〝元〟の〝個数〟を G の「位数」(order) といい，a によって生成された「巡回群」の〝位数〟を「a の位数」という。

(6)対称性と楕円関数，Θ(テータ)関数(δ-function)

先ず，「楕円関数」(clliptic function)なるものを考える。これは，一方で〝対称性〟を与え，他方で〝Θ(テータ)関数〟を与える関数である。即ち，「楕円関数」は，既存の「公理」を加法の「公理」と乗法の「公理」に分離し，かつ，その分離で，両方の「公理」が〝不変性〟を持つ関数である。概念化すると，〈Fig.1･2･1〉のようになる。

「楕円関数」→〝対称性〟(「公理」Ⅰから「公理」Ⅱへの変換の“不変性”)
「楕円関数」→〝Θ関数〟(δ関数)→「たし算」(加法)の「公理」(公理Ⅱ)
〝Θ関数〟(δ関数)→「かけ算」(乗法)の「公理」(公理Ⅰ)
(公理Ⅱ)↔(公理Ⅰ)〝分離〟

〈Fig.1･2･1〉

(6)-1．対称性(symmetry)

一般に，ある〝対象〟について，それを〝不変〟にする変換が定義されたとき，その変換を〝対称〟の操作といい，その〝不変〟な形もしくは性質を〝対称性〟という。

〝対称〟の操作の〝集合〟は，〝群〟を作り，その構造は，その〝対象〟本来の〝対称性〟を規定すると同時に，その状態を表わす関数の〝対称性〟の〝群〟の表現をなす。

上記「楕円関数」の場合は，それ自身が与える〝Θ 関数〟(δ 関数)が，加法と乗法とを併せた「公理」が，両〝算法〟それぞれの「公理」(Ⅰ)と「公理」(Ⅱ)が，〝いり混じっていた〟ものであったものを，〝独立〟なものに分けたとき，「公理」(Ⅰ)から「公理」(Ⅱ)へ〝変換〟した場合の〝不変性〟が，〝対称性〟である。

(6)-2. 楕円関数(clliptic function)

複素変数(複素ベクトル)z の「周期関数」($f(z+c)=f(z)$；c 周期。同じベクトル関数を，周期を回転させるのが周期関数である)のうち，z 平面 －($x-y$)平面に垂直な平面 － の有限な領域で，極以外の特異点をもたない2重周期の1価の「解析関数」(1点 P の近傍でテーラー級数に展開できる実関数，又は無限回微分可能な複素変数関数を，P で解析的であるといい，領域(z 区間)D 内で解析的な関数を D での解析関数という)$f(z)$ を〝第1種楕円関数〃という。

基本周期を $2\omega_1$，$2\omega_2$とすれば(2回転しないと元に戻らない)，

$$f(z+2\omega_1)=f(z),\ f(z+2\omega_2)=f(z)$$

これに対して，μ_1，μ_2を〝定数〃として，

$$f(z+2\omega_1)=\mu_1 f(z),\ f(z+2\omega_3)=\mu_3 f(z)$$

の関係式をもつものを，〝第2種楕円関数〃，又，a_1，b_1，a_3，b_3を〝定数〃として，

$$f(z+2\omega_1)=e^{a_1 z+b_1}f(z),\ f(z+2\omega_3)=e^{a_3 z+b_3}f(z)$$

の関係式をもつものを，〝第3種楕円関数〃といい，ここでも，$2\omega_1$，$2\omega_3$を〝周期〃とよぶ。

何れの〝種〃の「楕円関数」も，位相の〝進み〃に対して，〝対称性〃$f(z)$ をもつ。通常，「δ 関数」(Θ 関数)は，〝第3種〃を指す。〝第3種〃は，回転し乍ら，z 方向に進む，〝不変性〃$f(z)$ を保ち乍ら。この〝運動〃は，z 軸の囲りの〝ゆらぎ〃といわれる〝現象〃に相当する。

(追補)なお「周期関数」$f(z+c)=f(x)$ において，z が実変数で f が連続なら，周期 c のうちで最小のものがある(基本周期)。それを ω とすれば，$n\omega$ ($n=0$，±1，…)はすべて周期である。z が複素変数のときは，ω，ω' を偏角の異なる複素ベクトルとして，$f(z+n\omega+m\omega')=f(z)$ (n，$m=0$，±1，…)となる場合があり，このような f を〝2重周期関数〃とよぶのである。

(6)-3.Θ関数(δ-function)

(ｉ)「Θ関数」とは，$\lim\tau>0$，$q=e^{i\pi\tau}$として，次のように〝定義〟される複素変数 z の 4 種類の関数をいう。

「公理」(Ⅰ)
$$\begin{cases}\delta_0(z,\ q)=Q\prod_{n=1}^{\infty}(1-2q^{2n-1}\cos2\pi z+q^{4n}),\\ \delta_1(z,\ q)=2Q^{1/4}(\sin\pi z)\prod_{n-1}^{\infty}(1-2q^{2n}\cos2\pi z+q^{4n}),\\ \delta_2(z,\ q)=2Q^{1/4}(\cos\pi z)\prod_{n-1}^{\infty}(1+2q^{2n}\cos2\pi z+q^{4n}),\\ \delta_3(z,\ q)=Q\prod_{n=1}^{\infty}(1+2q^{2n-1}\cos\pi z+q^{4n-2})。\end{cases}$$

但し，$Q\prod_{n=1}^{\infty}(1-2q^{2n})$，$|q|<1$ であるから，これらの無限乗積は，〝絶対収束〟する。

(〝絶対収束〟とは，級数$\sum_{n=1}^{\infty}a_n$の各項を，その絶対値で置き換えた級数$\sum_{n=1}^{\infty}|a_n|$が収束するとき，級数$\sum_{n=1}^{\infty}a_n$は絶対収束する，ということ。$\prod_{n=1}^{\infty}a_n$でも同じ。)

これらを「公理」(Ⅰ)とすると，これは，〝乗法〟(かけ算)に対する「公理」である。

(ⅱ)これらは又，次のようにも表わされる。これを「公理」の(Ⅱ)としよう。これは，〝加法〟(たし算)の「公理」と解釈されよう。

「公理」(Ⅱ)
$$\begin{cases}\delta_0(z,\ q)=1+2\sum_{n=1}^{\infty}(-1)^n q^n\cos2\pi,\\ \delta_1(z,\ q)=2\sum_{n=1}^{\infty}(-1)^n q^{(2n+1)^{z/4}}\sin2n+1)\Pi z,\\ \delta_2(z,\ q)=2\sum_{n=1}q^{(2n+1)^{z/4}}\cos(2n+1)\pi z,\\ \delta_3(z,\ q)=1+2\sum_{n=1}^{\infty}q^{nz}\cos2n\pi z。\end{cases}$$

当初，「公理」(Ⅰ)と「公理」(Ⅱ)とは，互いに完全に〝独立〟(〝矛盾〟＝〝トートロジー〟)ではなく，〝混然一体〟(entangled)とした「公理」を形成していて，その「公理」に対して整合的に，〝かけ算〟，〝たし算〟のルールが敷かれ，そのルールに基づいて，〝かけ算〟，〝たし算〟という〝現象〟が無矛盾に存在していた(「正規構造」)という。しかし，その〝現象〟内には，何ら〝規則性〟は見られなかった。

そこで,「Θ関数」で,混然としていた〝かけ算〟と〝たし算〟の「公理」を,上記の如く〝分離〟したのである。2つの「現象」を,それぞれの「本質」に対応させるために。しかも「公理」同士が〝重複しない〟ように。

1つの,従来の,数学の「舞台」(「宇宙」)に留まる限り,〝かけ算〟と〝たし算〟の「公理」(本質)は〝入り乱れた〟まま「1つ」である。上記の「公理」の,「2つ」の「現象」に対応した〝分離〟は,従来の「宇宙」の中では出来ない。しかし,1つの数学「宇宙」には,重複した2つの「公理」に基づいた,2つの数学「現象」が〝矛盾なく〟成立している。2つの「本質」と2つの「現象」とが〝1対1〟に対応していない。〝重複した〟「公理」を引き離した侭では,1つの現存「宇宙」に留まれないのなら,もう1つ,別の「宇宙」を作るしかない。上記「公理」(Ⅰ)と〝かけ算〟が,「公理」(Ⅱ)と〝たし算〟が,それぞれ〝対応〟させられる。こうなると,しかし,

現存「宇宙」(重複「公理」⇔2つの「算法」の〝無矛盾〟)と,別「宇宙」を創出(1つづつ「公理」を欠き「算法」が2つ存在)の併存

という,〝一種の〟現象が残る!だが,これが「IUT理論」の「発想」である。

この〝併存〟の,やや具体的経緯を述べて,「この問題」が,究極的には「〝数〟の公理」へと収斂してゆくことを示し,「哲学」(弁証法)へと手渡されてゆくところ迄行きたいと思う。

2·2·2 「1つの「宇宙」」内での数学「現象」観の「破壊」により「2つの「宇宙」」「創出」による数学「現象」と「公理」との,〝1対1対応〟⇔「IUT数学」

〈1〉「1つの宇宙」の中で:

「宇宙」とは,〝数〟のすべての営みの環境の一式,であるとする。

〝数〟の営む「現象」の〝複数〟(〝かけ算〟・〝たし算〟の—それぞれの「現象」—)に〝固有〟の「公理」がある。その「公理」の〝重複〟が,「現象」の〝絡み合い〟を生む!

〝数〟の「公理」の，論理により発現した「現象」が「正則構造」である。〝数〟が複素数(複素数ベクトル―「タテ」次元と「ヨコ」次元がある)の，〝一蓮托生〟の〝絡み合い〟をもった「図形」が，その例である。この固い「タテ」･「ヨコ」の〝比率〟が「正則構造」である。

(1)「タイヒミュラー理論」(「宇宙」の構成要件(1))：

これを〝壊す〟のに，「タテ」を固定して，「ヨコ」丈変化させると，別の「正規構造」を定義したことになる。これに対応して，別の「公理」が導かれる。

従って，図形の違い(正則構造の違い)により，「宇宙」に無関係な〝比率〟という「定量化」(⇔無次元の定量化)⇔「タイヒミューラー変形」。

(2)「遠アベール幾何学」(「宇宙」の構成要件(2))：

「遠アベール幾何学」は，「可換」($ab=ba$)を充たし，「〝簡単〟から遠い」(⇔「群」)であるから，「十分複雑な図形」(⇔複雑な「群」)を対象にした幾何学中の「図形」(⇔〝対称性〟をもつ)であり，複雑な「図形」に〝対称性〟を対応させると，多数の〝対称性〟が対応することから，〝対称性〟によって，「対象」の「復元」が，超近似的に，可能であった。

(3)「ホッジ･アラケロワの理論」(「宇宙」の構成要件(3))：

これは，〝楕円曲線〟上に定義された代数的「関数」と，〝楕円曲線〟の「対称性」を記述する「群」に定義された「関数」との，1対1対応の理論である。

しかしこれは，「数」がもつ「〝頑強な〟構造」が〝壁〟になる！

現存の，1つの「宇宙」の中で，複素数(2次元ベクトル)の〝一蓮托生〟(望月氏の言葉)の〝絡み合い〟をもった「図形」，i，e，「正則構造」の「現象」の根元に在る「公理」で，〝数〟の「現象」(〝たし算〟と〝かけ算〟)間に，〝規則性〟を見つけるのは〝困難〟である。

〈2〉「〝複数〟の宇宙」⇔「「公理」(数)1つ･「現象」(数の性質)2つ」を「「公理」1つ･「現象」1つ」の1対1対応のセットにする。

⇔「「公理」を分けて「現象」を分ける」

(例)24(自然数)$=8\cdot3\cdot1=1^1\cdot2^3\cdot3^1$→「根基」red$(1\cdot2\cdot3)$

$\underbrace{a\ b\ c}$ と置く。

$$\begin{cases} a+b=c & \to 3 \\ \mathrm{red}(abc)\to abc=d & \to 6 \end{cases}$$

この(例)だと，和 c を固定しておいて，積$(ab)\cdot c=d$とし，和 c との「大小関係」は $c<d$ だが，「一般には」，〝不定〟である。(「現象」)$c>d^{1+\varepsilon}$となる$(a,\ b,\ c)$の組は，たかだか〝有限個〟である，―というのが「ABC 予想」であるが，これは，「「かけ算」と「たし算」の関係」(〝数〟の性質)であり，「公理」まで掘り下げていった関係である。否，そうしないと「証明」できない。

これは，1つの「宇宙」内部だけでは出来ない。しかし，「証明」とは，1つの「宇宙」内で行わねばならない所作である，これ迄は。そこで，数学(〝数〟「現象」)の根元(「公理」)を含む「宇宙」を〝複数〟用意せねばならず，用意した〝複数〟の「宇宙」間は，1つの場合と等価でなければならないから，連絡されていなければならない。

連絡は，「同形」「同サイズ」でなくてはならない。「同形」は〝対称性〟であり，「同サイズ」は，〝遠アーベル幾何学〟の複雑性からくる〝対称性〟の超多数性に依存する，と考えたい。〝対称性〟を〝運搬〟するのは，「群論」の演算である。これが，「IUT 理論」の〝発想〟である。

ところで，「数学」(「現象」)とは，加藤氏の「解説書」によれば2種ある。

1つは，学校で習う「数学」: 全体像が予め分かっている「ジグソーパズル」。
これに対し，研究者の「数学」: 全体像が分かっていない「ジグソーパズル」。

何れも，1つの「宇宙」内での「現象」としての〝数学〟である。これに対し，「IUT」の考える〝数学〟がある。

〈3〉「IUT」理論の「数学」！

「嵌め絵」の，嵌める「形」と，嵌められる「形」とが同じで，「サイズ」が違うもの同士を，〝ピタリ〟と嵌める。近似ではなく。

２つの「宇宙」を(多数の)〝対称性〟で，「Θ関数」で２つに分けられた〝対称性〟で，繋ぐ。

〝対称性〟を，一方の「宇宙」から，他方の「宇宙」へ運搬するのは「群」論で行う。そうすることによって，一方が「たし算」が欠け，他方が「かけ算」が欠けた，両集合(「群」)は，何れも〝復元〟される。(「集合」概念に付加された３条件式をもつのが，「群」概念である。この３条件式を使ったものが「群」演算である。)〈Fig.1·2·2〉を参照されたい。(重要！)

「現象」と「本質」が，それぞれ異なる「宇宙」に存在する〝比喩〟を，新聞の「折々のことば」(鷲田清一)から，幾つか拾ってみよう。

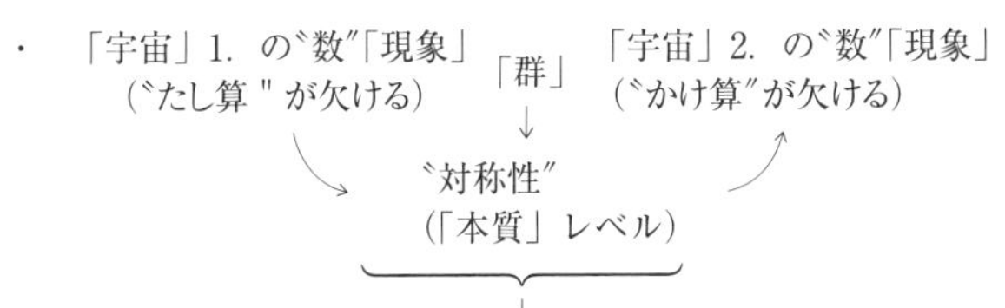

・「現象」としては，2つの「宇宙」共「復元」，かつ，
「たし算」⟺「かけ算」〜「分離」
↑　　↑
「公理」としても，〝数〟の「公理」⇔〝数〟の「公理」〜「分離」

・何れも，「哲学」の「弁証法」の，〝矛盾〟の〝統一〟点
(〝対称性〟の「直観」による発見)に，任意に「記号」を
割り振って，その「記号」を〝数〟と呼んだ。
⇧
(「弁証法」の〝矛盾〟(トートロジー)の〝概念〟による〝統一〟に迄遡る。)

〈Fig.1·2·2〉〝数〟の「公理」への収斂と「弁証法」へのつながり(IUT 理論)

(注)〝矛盾〟の〝統一〟点は，〝概念〟の「抽象レベル」を〝数化〟せねば，決定できない。又，同じ「抽象レベル」の点同士の「距離」〝サイズ〟となる。

(1)

「絵というものは，解るとか解らないとかいう前に，ひと目で，見る者に否応なく頭を下げさせるようなものがなければ，絵とは言えない。

洲之内徹

作家で，無名画家の発掘に尽くした画廊主の信条である。絵を見るにも何か規準のようなものを心得ているのが玄人だとすれば，自分はそんなのお構いなしの素人でいたい。「正体不明で」で，「美意識のかさぶたをはが」してくれる作品に出会いたいからと。その佇(たたずま)いにふれるや頭を下げるほかない人も確かにいる。「きまぐれ美術館」から。」

通常の玄人の〝美意識〟の〝かさぶた〟とは，〝重複した〟「公理」に，それと気付かずに，基づいた〝意識〟のこと。「公理」が互いに〝独立〟な，〝美意識〟に基づいて絵を見たら，「ひと目で否応なく頭を下げさせる」ものである筈だ！

(2)

「自分自身を潔く投げ出して，それ自体の中に救いの路をもとめる以外に正しさはないのではないか。

坂口安吾

短編小説「いずこへ」から。作家自身とおぼしき主人公は，「差引計算」や「バランスをとる心掛」を好まぬという。が，自らを救うために平然と策を弄し，人に阿(おもね)り，身を貶(おとし)めすらする１人の女性を「卑劣」だと突き放すうち，「それ以上の何者でもあり得ぬ悲しさを更に虚しく噛みつづけ」るほかない自分に気づき，こう歯ぎしりした。」

「差し引き計算」や，「バランスとる心掛け」には，〝良心〟と〝エゴ〟が「混在」している！　この〝両者〟を，〝別々の〟「宇宙」に分けるのが潔よい！　〝良心〟で生きて行けないなら，〝エゴ〟の「宇宙」に徹するのが〝正しい〟！「混在」は，「公理」の〝重複〟を意味する。〝良心〟と〝エゴ〟を切り離すには，心の「次元」を下げて，〝エゴ〟「宇宙」に埋没するのが正しい！

〝普通〟の生き方は，〝良心〟と〝エゴ〟が，1つの〝エンタングル〟している，「宇宙」の中だけで生きること。

(3)

「情熱のある最も朴訥(ぼくとつ)な人が，情熱のない最も雄弁な人よりもよく相手を承服させる。

ラ・ロシュフコー

滑らかな口舌(こうぜつ)は，心にひっかかることがなく，逆に相手を用心深くする。信頼は一語一語を確かめるように紡ぐその語り口から生まれる。17世紀フランスの公爵の『ラ・ロシュフコー箴言集』から。そう言えば，孔子の『論語』にもよく似た言葉が。(略)「君子は言に訥にして，行に敏ならんと欲す」。口は重く，行いは機を見てしかとせよと。」

「現象」と「本質」～〝情熱〟のない最も雄弁な人と「現象」が，〝情熱〟のある最も朴訥な人と「本質」とが対応する。〝情熱〟が「公理」に例えられれば，「ひと言」に含まれる〝情熱〟(「公理」)が，朴訥な人の方が大きい。雄弁な人は小さい。「現象」と「本質」は，両者それぞれにつき，「視野」一定と考えてよいから，各者にとって「対象」〝サイズ〟は〝同じ〟とすると，〝抽象次元〟が異なる。属する「宇宙」が違う！一方は「現象」の「宇宙」，他方は「本質」(公理)の「宇宙」。

これは又，「マクロ」と「ミクロ」の関係でもある。マクロはミクロの合計ではない！「宇宙」の違い(抽象次元の差)である。～弁証法へ。

2･2･3 「現象」と「本質」(性質)
～〝数〟(数学)と〝概念〟(抽象)の対応法

「演繹と帰納」(経験性)と，「数学と論理学」(「公理」性)

演繹は〝自己写像〟(同じ集合内の写像)，帰納は〝統一写像〟である。〝統一写像〟とは，同一集合内の〝独立な〟「2元」を，異なる集合の「1元」に

〝写像〟したものである。

ところで，〝写像〟によって「不変な」性質(大きさを含む)は「位相」であり，〝対称性〟でもある。但し，既述のように，〝対称性〟は集合同士が「線形空間」である場合は，「位相空間」同志の場合と，「位相構造」(近傍収束)だけ異なる。

「位相構造」は〝概念〟(性質)であり「線形性」という〝数〟概念と必ずしも一致しない。前者は「本質」に対応し，後者は〝大きさ〟という「形相」に対応する。

後者は，〝モノ〟(〝ゆらぎ〟の〝間隔〟)と，〝Θ関数値〟の「一致」に〝数〟が必要になる。

形相という〝大きさ〟(関数値)＝〝大きさ〟(概念化の程度)なる対応が必要になる。〝量〟の〝大きさ〟と，〝質〟の〝大きさ〟の「一致」の必要である。敢えて書けば，〝段差〟のついた等式(タテの等号 ‖ を使って)

「〝モノ〟
‖ (2·2·1)
〝Θ関数〟」

である。両段共，〝概念の程度〟であるが，〝上段〟を「現象」，〝下段〟を「本質」と一般には呼ぶ。これを成立させる(媒介する)〝記号〟を考えたものが，〝数〟である。この「タテの等号」を成立せしめる「操作」が，「弁証法」である。

第Ⅰ章　弁証法(哲学)

§1.　「IUT 理論」から「弁証法」への引き継ぎ

「現象」と本質(性質)，～プラトン(一元論)ではなく，アリストテレス(二元論)でもない！　ヘーゲルである！〝現象〟と〝本質〟の〝分離〟は認めず，〝現象〟が含む〝非変質的〟·〝偶然的〟なもの(〝ゆらぎ〟)を契機として，〝矛盾〟を拾って，〝矛盾〟の〝統一〟へと，1つの人間の「視野」(「宇宙」)内部で，〝発展〟的(認識〝対象〟が次々追加されてゆく)に〝自己同一〟を保つ(1人の中の〝視野〟一定)と考えなければいけない！　1つの「宇宙」〝内部〟で「現象」から「本質」迄発展する！

〝本質〟は，〝現象〟が，〝モノ〟から〝概念〟(性質)に発展しても，〝同一〟の侭，〝本質〟であり通す！〝数〟もあるレベルの〝概念〟(性質)。〝性質〟を他の〝性質〟に対応づける！〝性質〟を他の〝性質〟に，どう対応づけるか！〝性質〟同士は〝矛盾〟同士(何れもトートロジー)。「概念」と〝数〟の対応づけに普遍性はない。

1つの「視野」(宇宙)の中で，認識「概念」が，順次に〝追加〟されてゆくプロセス(「自己発展」してゆくプロセス)を記述する「瞬間」に〝数〟という「記号」(概念)を1つづつ振り当てた。「概念」の「抽象レベル」が上がってゆく様子が「記号づけ」られる。

「1つの「視野」の中で，1つの「トートロジー」a(ⓐで表わす)が，別の「トートロジー」b(ⓑ)とセットを成す(矛盾)」とは，ある一定の「抽象レベル」にある(A，B)の2つの〝事象〟から，〝共通部分〟をすべて〝捨象〟して，

〝残り″(矛盾)(a, b)の共通性を更に求めて，〝統一″するには，〝共通の″「概念」のと抽出以外にない！「1段上の」「抽象レベル」の〝点″である〝数″字〝1″がついている，……もはや。

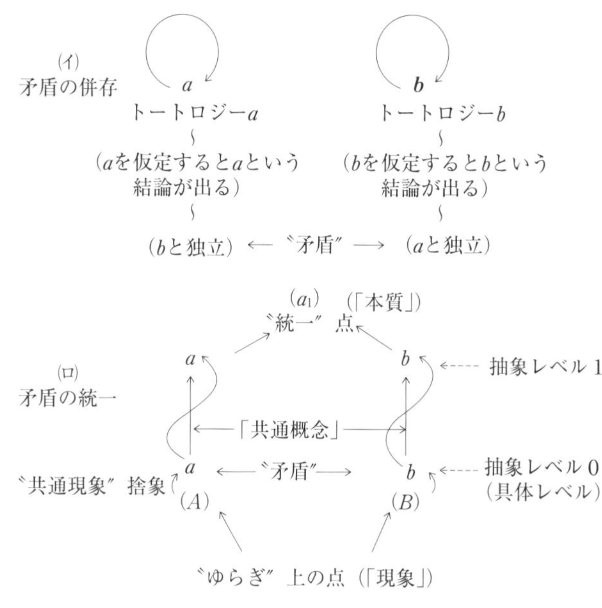

〈Fig.1·1〉 弁証法

（注）〝統一点″a_1は，ほかの〝統一点″b_1（「視野」内にある）とセット（a_1, b_1）を作る。それを〝矛盾″として，再度，「共通概念」抽出に〝統一″点を求める，…。これの繰返しで，〝単一の″点（単一の「概念」）に限りなく近づく。この「円錐」が各人の「宇宙」。a_1（統一形）はaと同形（〝対称性″）。当初aだけのところにbが〝参入″して来たために，〝統一″する必要が出て，抽象レベルに，〝1″という〝数″が当て嵌められた，と考えられる。

§2. 弁証法の説明(ワンステップ1)

$(a,\ b)$のセットが〝矛盾〟であるということは，当初aだけのところに，認識者の「視野」(「宇宙」の断面)に，bが新たに〝参入〟して来て，セット$(a,\ b)$が互いに〝矛盾〟となった。そこでなお〝統一〟しようとすると，〝統一〟出来る〝概念〟を抽出する他にない。〝統一〟点a_1が見つかると，a_1はaと〝同形〟である。即ちこのaは〝対称性〟である。

「視野」内には，各人につき，無数のセット(矛盾)が存在するが，このようにして，それらが〝統一〟される〝統一〟点となって，抽出レベルを上げて昇って来る。統一点a_1(即ちa)は，同じ抽象レベルに在る他の〝統一〟点とセットを組んで再度〝統一〟し乍ら上がってゆく。他のセットも上ってゆくから，最終的には，「単一の」〝統一〟点(単一の概念)に限りなく接近する。

このようにして，各人について，〝円錐〟が出来上がる。これが各人の「宇宙」である。

なお，〝矛盾〟の〝統一〟「概念」が(1本)見つかった結果，抽象レベルが上がった〝統一〟点に向かって〝1本の〟〝垂直線〟が得られる。その線の囲りに必ず「螺線」が存在する。これを「ゆらぎ」という。この「ゆらぎ」が「現象」で，〝垂直線〟は「本質」の〝軌跡〟である。2つの〝矛盾〟点は「ゆらぎ」の上にあり，〝統一〟点は〝垂直線〟の上にある。「ゆらぎ」は，序章，§2. (6)-2で述べた。

一言で云えば，ワンセットの〝矛盾〟が存在した場合，〝矛盾〟を構成する両者の〝共通概念〟を抽出して，〝統一〟にもってゆくことを「弁証法」という。「弁証法」は，「ワンステップ」を拡大して詳述すると，〈Fig.1·2〉のようになる。

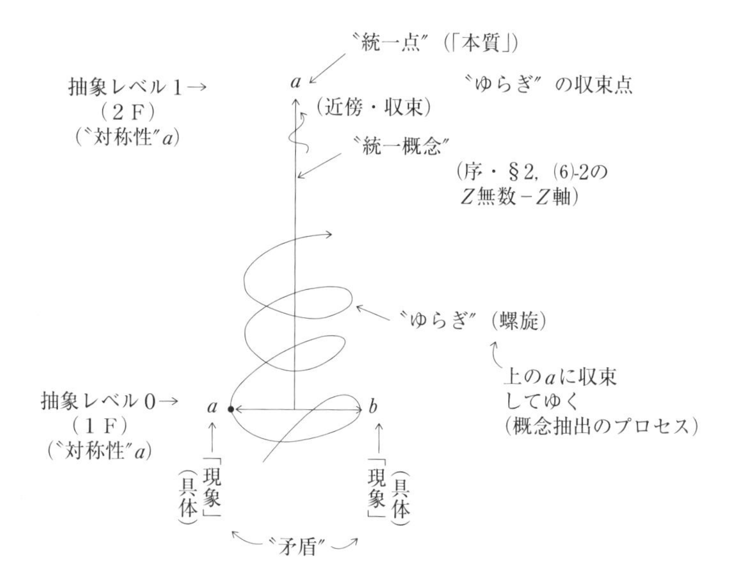

〈Fig.1·2〉　矛盾が統一されてゆく経路（ワンステップ 1）
（概念抽出に「直観」のプロセス）

（注）・〝ゆらぎ〃上の２点が，当初の〝矛盾〃，「現象」が「ゆらぎ」上を「直観」又は〝試行錯誤〃。
・〝ゆらぎ〃が，近傍・収束（「位相構想」）で，〝統一点〃に近接する。
・出発点の a は，〝統一点〃a と「同形」（〝対称性〃），一形性質。
・出発点は〝具体現象〃・統一点は，〝抽象概念〃。

§3. 弁証法の説明

3·1　弁証法のワンステップ2

(1)「IUT 理論」の場合と同じように，一般に，相互に〝矛盾〟する2つの「事象」の間に，何の〝不変性〟或いは〝規制性〟も見られない。「普遍性」も見られないように見える。2つの「事象」が同じ抽象レベル(具体レベル)とにある限り，である。

そこで，「2つ」を，別々の「抽象レベル」に分けて置いたらどうであろうか。一方を〝1階(1F)〟に置き，他方(〝矛盾〟)を 2F に置いたら，実は，両者の間に〝対称性〟が成立するのである。

では，1F から 2F に「どうやって」·「どれだけ」上げればよいのだろうか。答えは，前図〈Fig.1·2〉の「〝統一〟点の高さ」まで，前述の方法で上がったところに(〝矛盾〟を〝統一〟させる経路—〝ゆらぎ〟螺線上を，「直観」で)〝矛盾〟を持ち上げればよい，ということである。

それだけで，出発点と同じ状態，即ち〝対称性〟を成立させるだろうか。実は，そこに，「くりこみ」という操作が介在して，はじめて〝対称性〟が成立していることを証明できるのである。

「くりこみ」は，朝永振一郎氏が，自身の「超多時間理論」の論文に基づいて，シュウィンガー，ファインマンと，独立にノーベル賞を受けたことで〝承認〟された。「弁証法」の上記説明は，次頁の図〈Fig.1·3〉参照。

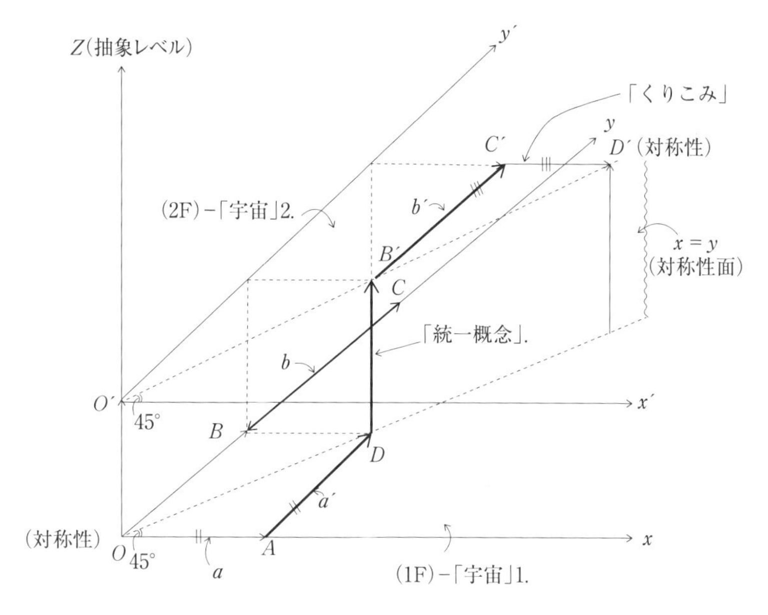

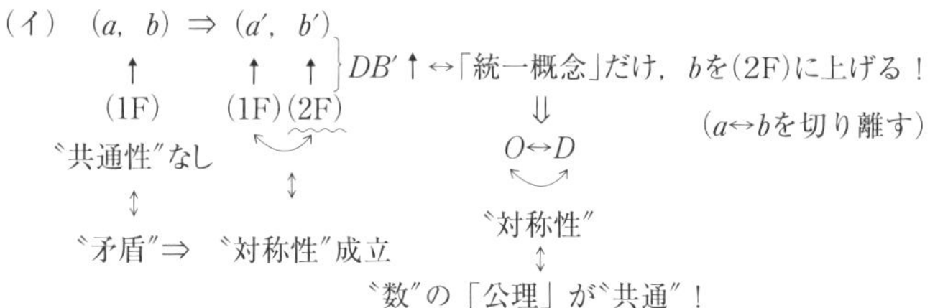

（ロ）C′とDは(見えない)〝同一点〟〜「くりこみ」(朝永氏により「証明」済)

〈Fig.1･3〉「弁証法」の経路(ワンステップ2)

(2)ところで，矛盾(a, b)が〝統一〟されてゆく経路は，〝1人の〟人間の「視野」内(「宇宙」内)—「宇宙」の〝断面〟の，並行して抽象レベルを上がってゆくプロセスであり，究極的には，単一の「統一概念」に到達するプロセスであると言った。〝複数〟の〝統一〟点の並行のプロセスである。そしてその〝統一〟同士を〝統一〟して，「単一点」に収斂する前に推進力である「直観」

に〝限界″があって，「1点」に〝統一″される前に，〝複数″の統一点の〝併存″の侭，止まってしまう，或いは，遅々となって，〝静止状態″に見えてしまう，―というのが「現実」であろう。

目指すのは，「1点」(統一概念)であり，これを哲学者カントは「神」と定義した。(「純粋理性批判」(Ⅰ))

しかし，人間の認識能力が，「唯一神」の「概念」への到達を可能に出来ないかも知れない。〝統一″の繰り返しが，途中でストップする。

それ故に，各「宇宙」の中に，複数の「神」，従って複数の「宗教」，複数の「教え」が並存している。

又，複数の「科学」従って複数の「法則」が並存している。

キリスト，釈迦，ムハンマドらは，それぞれ，中途の「カミ」として存在し，頂点の「単一神」への到達を，彼等が〝代行″している。

現に，日本人の多くは，そのうちの仏教に，「社会学的」に〝帰属″し，同時に神道の「カミ」をまつっている。或いは，クリスマスを祝い，同時に仏教で葬儀をあげる。

(3)最初に述べなければならなかったことであるが，話の大前提をここで述べる。

すべての〝存在″は，1人の(各人の)「意識」が作り出すということである。人が〝認識″しない〝存在″とは何であろうか。認識が存在しない〝存在″は存在するのだろうか。人が〝認識″して，はじめて，〝存在″が生ずるのではないだろうか。〝認識″の主体は「意識」である。その「意識」は，個別の(1人の)人間の持ち「もの」である(「意識」は「意識」である)。「意識」は，1人の人間の中の「独立物」(トートロジー)である。他から生ずるものでもなく，他を，自分の〝外″に生むのでもない。「意識」が〝認識″を〝経路″として，「存在」を生む，といったが，これは「意識」は「存在」と〝同体″だということである。「意識」即ち「存在」である！　「存在」は「宇宙」(1人の人間の「視野」)の中の「存在」(即ち「意識」)であるから，その「宇宙」の中の「存在」同士で，「弁証法」が生ずるのである。

1人の人間が生まれる以前の「存在」(例ば，138億年前に生まれた，天文学でいう〝宇宙〞)も，「意識」が作り出す(即ち一体である，即ち，「意識」は過去の「存在」とも一体である)。考古学の成果，歴史学の成果も「意識」と一体である。

(4)なお，『哲学辞典』(講談社)では，「「意識」とは，私(自我～主観)の内部で，又は外部で，起こることについての「直観」」，と書いてある。それ以上「定義不能である」とある。唯一，カントの説として，「意識一般」(Bewußtsein überhaupt)は，「「直観」で与えられる〝多様〞を〝総合的〞に〝統一〞し，「意識」に結合して，あらゆる「経験」を可能にする「認識」の，〝究極的根拠〞としての「自己意識」」とある。(ここで「直観」は，全体の〝無媒介的根拠〞である。)

他方，「存在」とは，「「有る」〝もの〞が〝何〞であるか」，と書いてある。「有る」〝もの〞というのが「現象」と見れば，〝何であるか〞を「本質」と考えることができるとすると，「存在一般」と考えてよい。

しかし，「有る」が「在る」と書き換えられるなら，「意識」的なものに依拠して「有る」という意味にもとれる。そうなれば，「意識」と「存在」は〝繋がる〞が，われわれの考えである〝一体である〞というのとは違う。「存在」は「意識」と〝一体〞としてのトートロジー(自己言及 = 独立)とは考えないことになる。

それでは，「存在≡意識」は，外から何か別の〝存在〞又は〝意識〞から作用される「余地」があるのだろうか。且つ，外に対して作用することがあるのだろうか。

トートロジー(自己言及)であるからこそ，もう1つのトートロジーとの間で「弁証法」で「宇宙」を形成できるのではないか！

カントの言う，〝無根拠〞が〝すべて〞を統一するとは，「意識」と「存在」の一体化した〝独立性〞と簡略できる，〝同義〞である。別に〝根拠〞がないから，トートロジー(独立)なのである。

われわれの「「存在≡意識」「トートロジー」説は，換言すれば，それが

「公理」であり「現象」であるということである。

「弁証法」としての「円錐宇宙」は,「形相宇宙」と〝恒等〟である。(経済主体を「例証」とすれば,バランス･シートの資産「総額」が,負債「総額」と恒等であることと相似である。)

何故,「円錐」(上に上るほど細くなる)と「円筒」(形相)とが恒等か。「円錐」は,細くなるに比例して,〝密度〟が大きくなるのに対し,「円筒」は下から上まで〝密度〟が一定だからである。

「トートロジー内部」では,各抽象レベルごとに,「存在」が「意識」に〝供給〟している(負債が資産にマネーを供給しているように。〝マネー〟に相当するのが認識である)。しかし,トートロジー内部での〝恒等〟が,「公理」である。同時に,各抽象レベルでの,右(負債に相等)から左(資産に相等)への「認識」の供給が,「現象」である,と一見思えるが,「本質」(総額に相当)のレベルでは,即ち「トートロジー」内部では,「需要―供給」のような,因果関係はない。或いは「写像」関係はない。「現象」レベルである,それがあるのは,「現象」(矛盾)を「本質」(統一)にもってゆく「プロセス」で,即ち「弁証法」の「プロセス」で,「共通概念」抽出の,〝収束〟過程で,それが存在するのである。〝ゆらぎ〟の上を,〝収束〟に向って運動してゆく,ワンステップごとに,〝写像関係〟(或いは関数関係)が存在する。〝対称性〟から〝対称性〟への「過程」では,〝無根拠な〟「直観」の〝正しさ〟(これは,強いて云えば,「絶対音感」のような,「抽象能力」を持っていることを根拠とする)を〝根拠〟とする。持たない場合は「試行錯誤」を,「ゆらぎ」の螺線上でする。

(5)各抽象レベル上では,〝統一〟点の相手を見つけるために,自己を〝等価変換〟してゆくルールが「論理」であり(演繹),同じ抽象レベルに相手(矛盾)を見つけたら,それを「視野」の断面に〝参入〟させて,再度,「統一概念」を見つけて(直観),〝統一〟点に達するための〝操作〟を「帰納」という。

「直観」が不正確だとすると,〝統一〟点に到達する〝操作〟は,「演繹」･「帰納」･「試行錯誤」の3つだということになる。但し,3つ目は,帰納の代替手段である。

(6)以上で「弁証法」そのものの記述は終りだが，各F(Floor)の(各抽象レベルの)〝対象〟が，複素数(複素ベクトル)で表されるものに限られた。「複素ベクトル」とは，下図の如き，実数パートと虚数パートで表わされたベク

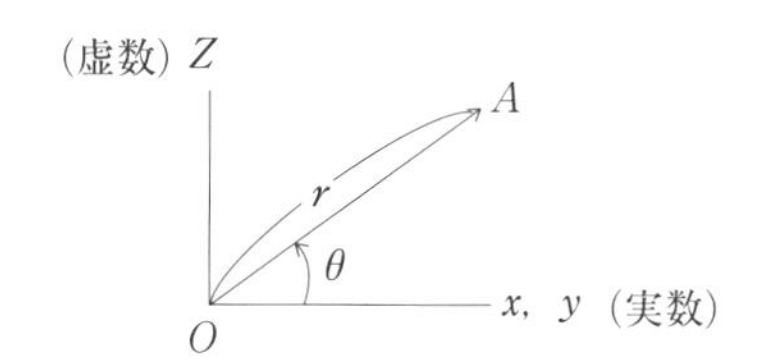

トル($\overrightarrow{OA}$)である。これが各Fの「現象」を表わす。変数は(x，y)(正確にはzが加わるが)の2つである。

これは又，図のように「角度θ，長さr」でも表わされる(正確には(θ_1，θ_2)であるが)。長さrの矢印が，角度θの変化で螺線を抽く。これが〝ゆらぎ〟の軌跡である。「弁証法」の繰り返しで，θが変化して円を描くと同時に，長さrが次第に小さくなって，螺線が〝すぼみ〟乍ら，1点(単一点)に近づく。これが，各人の「宇宙」(円錐)を形作るのである(図の場合は三角形)。rが小さくなってゆくことは，〝収束〟と云い換えてもよい。

§4. 「意識」と「存在」の〝一体性〟(トートロジー)の哲学上の「定義」からの証明

4·1 「主観」と「客観」

『哲学辞典』によると，「主観」は，自我·私(Ich(独)，I，me，myself)のことと書かれている。要するに「私」のことである。「私」の中で〝無媒介〟に起こるものが「主観」である。

これに対して，「私」(自我)の外で起こることを「客観」という。

「主観」と「客観」を合わせたものが「存在」である。

4･2 「意識」と「存在」の一体性

そこで，唐突に，「私」の定義と，「意識」の定義とを並べてみよう。

両者が〝整合的〟に成立する「条件」を抜き出して，それを「弁証法」が充たしていればよい。「私」，「意識」それぞれの定義を，先ず最もシンプルな形で記述して，そこから段階的にフルな形に達したい。先ず，

0.「私」とは，「意識」する主体である。
↓
1.「私」とは，「存在」を把握(認識)する主体である。
↓
2.「私」とは，「存在」を〝統一的に〟把握(認識)する主体である。
(4･2･1)

次に

0.「意識」とは，「私」に〝認識〟(把握)を命ずる主体である。
↓
1,「意識」とは，「私」が「存在」を〝認識〟することを命ずる主体である。
↓
2.「意識」とは，「私」が「存在」を〝無媒介に〟〝認識〟(把握)することを命ずる主体である。(4･2･2)

(4･2･1)と(4･2･2)とを対比してみると

「意識」の定義は，「私」の定義を対象としている。そして，

～「私」の定義は，「存在」を対象としている。

従って，「意識」の定義と，「私」の定義が〝整合〟するための条件は，〝統一的〟という語と，〝無媒介的〟という語とが〝同義〟となることである。〝統一〟は「弁証法」の到達点(目標)であり，〝無媒介的〟は，「弁証法」の方法である「直観」そのものの性質であるから，「弁証法」である限り，〝両語〟は

〝同義〞である。「弁証法」で繋がっている。

斯くして,「意識」と「存在」がトートロジー(同語反復)であるという,われわれの「主張」は,哲学的に裏づけられた。

4･3　現象としての「存在」(主観･客観)は「神の意志」(「自然現象」)か〜「IUT」理論で証明される

『哲学辞典』の「意志」の項を見ると,「意志」は,〝人間〞の「自由」かつ「責任」の複合概念とある。

決定論に於いては,すべてが「外的な因果関係」によって決定されるから,〝人間〞の行為は,〝外部の原因〞(〝ヨコ〞の—抽象レベル同一の—〝制約〞)を受けた「目的」の「観念」—「主観」としての「人間」の,「意識」の対象〜「存在」—の「自由化」を実現したものである。従って,その行為に対する「責任」は〝限定的〞になる。これは,あく迄も,〝外〞との「因果関係」がある場合である。

しかし,「自由意志」を100パーセント貫いて,「因果関係」(外的制約)を,〝無視〞することも,「自由意志」である。道徳や法を〝無視〞せよ! と,「意識」が対象(観念)に命ずることは出来る。言い換えれば「責任」を〝無視〞するのも「自由意志」である。〝犯罪人〞になるのも「自由意志」である。(「疎外論」･「役割理論」—社会から疎外された人間が,〝社会内概念〞である「犯罪」に自らを同一化して社会に戻る。)

「自由意志」に「責任」が伴うと考えるのは,「意志」を〝現象〞と考えることで,「実体」或いは「本質」(不変)と考えていないからである。

しかし,われわれの「意志」(それも「自由意志」)は「実体」(不変)—「公理」—「神」の「自由意志」である。「神」には(単一概念だから)〝外部〞がない。〝ヨコ〞の関係(「因果関係」)がない,「絶対論」である。

究極の「自由意志」(「制約」も最大)から,次第に,〝ヨコ〞の「制約」(「因果関係」)を受け乍らも,「制約」が小さくなり乍ら,「単一概念」に到達したら,「制約」がない。これが「神」の「自由意志」である。「実体」(不変)—「公理」である。

これを「下向」させると，〝対称性〟が保てるが，そして「公理」が各「意志」(主観)を裏づけているが，「公理」同士は〝エンタングル〟している(IUT)，頂点で，あらゆる「意志」に関して〝独立〟であった「公理」同士が，エンタングルメントに戻るだけだ。「上向」の過程では，各人の(各主観の)，「存在」内(「意識」内)の「意志」同士が「公理」(「実体」＝不変)を作らねばならなかったが，「下向」過程では，「公理」としての「意志」は出来上っている。それがエンタングルし乍ら，各人の「意志」となっている。

即ち，現世の，あらゆる「客観」はもちろん，あらゆる「主観」(「意志」を含む)は，すべて「公理」(実体)なのである。われわれが「望む」こと自体が，すべて「自然現象」(「神」の「公理」)なのである。何を，どのように望んでいるか，自由意志のように思えるが，そう思うこと自体も，「神」の「公理」として決まっている。

「上向」過程で「公理」(としての意志)が作られ，「下向」過程で，それが，その侭降りて来るのである。

望月新一教授の「IUT」理論は，「上向」で，〝対称性〟を維持し乍ら，各事象の「公理」のエンタングルメントを〝解いて〟ゆくと，ある「法則」性(ABC 予想)が証明できることを明らかにしたものである。「Inter Universal」(「宇宙際」)の「宇宙」とは，われわれの「弁証法」の，〝矛盾〟の「次元」から，〝統一〟の「次元」に上がる過程の，各々抽象レベルの異なる「次元」に相等する。1つの「宇宙」(「次元」)の中で証明はすべきだ，という旧来の〝数学〟に，「次元」の異なる，対称性で繋がれた，「別宇宙」を導入して，〝複数〟の「宇宙」に亘って，「法則性」(対称性)を証明しようとするもので，ある。「際」は，国と国との関係を表わす，〝国際〟というときの「際」になぞらえたものである。(数学のノーベル賞，「フィールズ賞」に価するとの評だが，フィールズ賞に年令制限「40 歳以下」があって該当しない。教授は 40 歳前後で，電子版で最初に発表したが，審査に，世界中の数学者が集まって，〝7 年半〟かかってしまった。氏は，現在 51 歳。今でも，〝解かっている〟学者は，世界で 10 人ほどだという。)

(なお，本著の筆者の，解説書(加藤文元氏)に対する〝理解〟に依拠したのが，以上の記述であり，〝誤解″があるとすれば，本著(哲学)は「IUT」で裏づけられないことは勿論である。残念乍ら，原論文を読むことが出来ないから。)

4·4 「文学」から「哲学」へ

4·4·1 「折々のことば」から

ここで，朝日新聞「折々のことば」(鷲田清一)の，次の記述を見てほしい。

「無傷な，よろこばしい連帯というものはこの世界には存在しない。

石原吉郎

敗戦とともに旧ソ連の強制収容所に送られた詩人は，最低限の食事をしかも２人１組で与えられただけだった。等分ということを唯一の合意とするほかなく，食事時は神経を消耗した。それでもそれぞれが生き延びるには，この「不信感」を前提に連帯するほかなかった。それは隣人を「自分の生命に対する直接の脅威」と感じながらの極限の連帯であった。『望郷と海』から」

次の言述の準備として，次の確認をしっておきたい。

(1)「私」という「意識」(≡「存在」)は「心」と言い換えられる。他方「存在」は〝主観″(無媒介の「私」)と〝客観″から成る。「意識」(心)と「存在」は〝同義″。これは「実在」(本質)である。又他方「私」は「心」(主観)と「身体」(客観)から成る。「意識」と「存在」のトートロジーである「私」は，「実在」(本質＝不変)である。即ち，「身体」の〝統一点″である。

(2)「私」は，「内部言語」(統一概念を「直観」で見出す「過程」)の〝中心″という，側面でもある。これを〝言語化″すると，「「内部言語」とは「目的」をたて，「最適化」し思惟を行なう」ということになる。

(1)と(2)を併わせると：

一方で ↗「身体」～〝主観″の主体
〝分離″ ＋
↘「心」(「意識」)～〝客観″の主体 ↔ 〝統一点″～「私」(「実在」)－(イ) 他方で
↓ ‖
究極「身体」が「意識」(心)と〝統一！ (本質)
‖
(不変)

(3)「幸せ」の観念：「人生」の過程での「目的」の〝実現″(接近)感念ということと考えられる。この感念は，「目的」を媒介して，「人生」を，

「人生」は，「幸せ」の，『「存在」≡「意識」』〝制約″下での〝最大化″－(ロ)
(目的)

と定義することが出来る。

「意識」は「目的」と同義，「存在」は〝主観″＋〝客観″と同義であり，かつ，「意識」と「存在」は同義である。従って，

その結果，「目的」〝実現度″と〝主観″・〝客観″の〝サイズ″とは等しい。(科学的にこれを云うには，煩雑な「公準」(複数の「公理」)を仮定せねばならないが。)

なお，「客観」には，「私」に統一的に含まれる「身体」の他に，「他者」の「意識」，及び「物的存在」で，「私」の「宇宙」の〝断面″(IUT の「宇宙」)内にあるものすべてが含まれる。「私」の宇宙の〝断面″とは，矛盾の〝統一点″の集合面(同一の抽象レベルにある面)のことである。

4･4･2　岸恵子さんへ～『「幸せ」という退屈な老後』と筆者の「困苦」とは同義

高校生の頃，友達は，それぞれ「イングリッド・バーグマンがいい」，「ビビアン・リーがいい」などといっていた中で，私だけは，精神が幼なかったせいか，日本風の〝超美人″，「岸恵子がいい」などと言っていた。その岸恵子さんが現在85歳になるが，20代の美貌その侭の写真とともに，今般書かれた『孤独という道づれ』という本の広告を新聞に載せていた。そこに書かれていた文章に，「日本，夫(フランス人映画監督イヴ・シアンピ氏)，娘，と

の三度の別れで気がついた，孤独という宝もの。(略)無難な日常に抗う生き方」というのがあり，次いで岸さんのサイン入りの自筆で，「出会った数々の偶然。好奇心と冒険心にかられて，行動しなかったら，私には，今，「しあわせ」という退屈な「老後」だけしかないのかも知れません。」とあった。(傍点筆者)

「人生」は，「しあわせ」と「困難」という，矛盾する２つの独立な意識の偶然性(ゆらぎ)の，〝着地点〟の軌跡である。正確には，「円錐宇宙」に於ける「1 断面」への軌跡であると云うのが正しい。「しあわせ」は，人間(私)にとって，意識が生み出す主観であり，「困難」は，その主観を制限する客観である。後者の客観は，主観から離れて〝独立〟したもので，他の私が持つ「しあわせ」意識(の主観)の産物である。その客観が媒介して，主観同士の制限が生ずるのである。極端に単純化した例を挙げる。「断面」内に，２つ(2 人)の「私」だけが存在し，各「人生」に，影響する「客観」が，〝共通の〟2 つだけという「モデル」である。

ある一方の私だけに着目すれば，「しあわせ」(主観)をもたらす客観(「私」内外の)が２つづつあるとすると，それらのどういう〝組合わせ〟が，「しあわせ」を，どの〝程度〟もたらすかに関わる。その客観の各々も，現象であるから〝ゆらぐ〟(究極には「実体」(不変)であるが)。「しあわせ」という主観をもたらす客観が〝ゆらぐ〟ということは，「しあわせ」(主観)の制限も〝ゆらぐ〟。

他方の「私」にも同じことが生ずる。「視野」に２つの「私」が存在する場合を考える。

両者に〝共通〟なのは，２つの客観の「大きさ」と，その〝ゆらぎ〟。２つの私の間の二律背反をめぐる「競争」で決まる，２つの客観それぞれの「入手の相対的難しさ」とその〝ゆらぎ〟，及び２つの客観を，各私が予めどれだけ「分かち持っている」か。(やむを得ず，「哲学」外から〝借用〟した言葉には「　」をつけた，この文章に限り。)これも客観である。

この後の客観は，２つの「私」にとってそれぞれ，「しあわせ」(主観)を与える２つの客観の，予めの「保有の大さ」(とそのゆらぎ)に，「入手の相対的難しさ」(それを〝ゲット〞するには，もう1つの客観を，どれだけ「競争相手」に譲らねばならないか)を「乗じた」ものを，合わせたものが，望んだ「しあわせ」という主観を実現するための，制限である。

この制限の下で，「しあわせ」を，望んだ「程度」(主観)に実現しようとするのである(これもゆらぐ)。〝望んだ程度〞とは，制限が許す限り，〝最大の「程度」〞(の主観)であると仮定しよう。これを両者がやる結果が「社会」の現象(ゆらぎ)である。

この「幸せ」の主観としての「程度」は，2人の予め持つ客観の「程度」が「両人」とも，〝一定量〞の〝共通の〞「客観」で，望む「幸せ」を実現しようとするから，二律背反であることから，即ち制限の「大きさ」も二律背反であることから，二律背反である。即ち，制限が，両「私」に共通なのである。両者共，共通の制約の下で，「幸せ」最大化をする。

このような，「社会」(ここでは2つの私)の着地点の軌跡は，「他の学問」(経済学)では，「パレート最適」と呼んでいるものである。以上の文章での説明を，視覚的にやさしくするために，「この図〈Fig.4·1〉」を借用して続ける。そのためには，価値(主観)を数量化する条件，「フォン・ノイマン＝モルゲンシュテルンの公準」を仮定せねばならないが，そのような厳密化は省略する。

同図(イ)は，上述した，「私」1. と「私」2. それぞれの最適点 a, b が描かれた図を両軸(客観1と客観2)を合わせて，合体させたものである。

「社会」の着地点の軌跡(「パレート最適」)が曲線 PP' であり，その上に，着地点 a, b が乗っている。「私」2. にとっては，与えられた「客観」のセットの制約が強く，a 点が着地点(最適点)であるのに対し，「私」1. にとっては，「客観」のセットの制約が弱く，b 点が着地点である。$a \leftrightarrow b$ の差は，両「私」の「幸せ」(主観の数量化)の差である。仮に，$b \leftrightarrow a$ の差が，「私」2. にとっての「困難」とすれば，逆に $a \leftrightarrow b$ の差は，「私」1. にとっては，「退屈な幸せ」といえるでしょう。

そこで，同図(ロ)を見て下さい。単純化のため，「客観」を何れも〝具体的〞「事象」であるとします。$a \leftrightarrow b$ の差は，「私」1. には「退屈な幸せ」

（イ）「私」2．は置かれた「客観」が「私」1．より厳しいケース
↔“着地点”aとbの差がある。（「困難」）↔ “不平等”

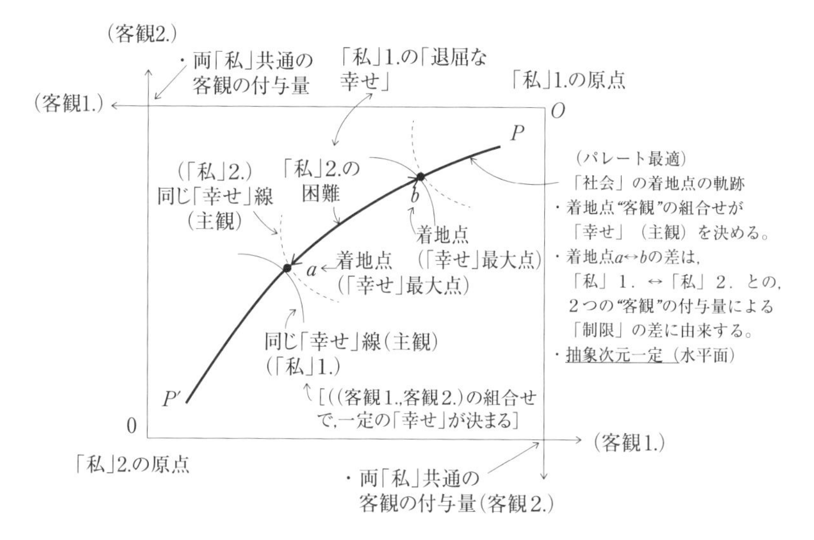

（ロ）「弁証法」による「困難」の克服

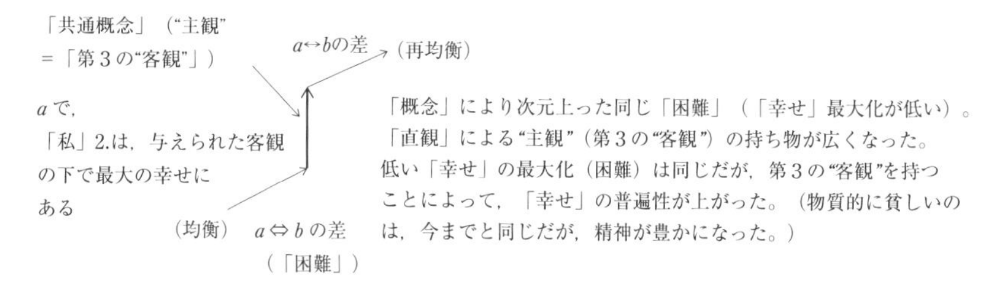

〈Fig.4･1〉　困難の，概念の注入による克服

「私」2．には「困苦」である。始めの「私」2．の「困苦」$b \leftrightarrow a$の差と，「私」1．の「退屈な幸せ」$a \leftrightarrow b$の差との共存という均衡が，第3の客観ともいうべき〝概念〞(例えば「私」2．が，「私」1．に対して〝愛〞又は〝寛容さ〞という主観)を与えたとき，「社会」(「私」1･「私」2)全体で破れて，〝1段高い〞均衡へと〝再調整〞される。ここでは，「私」2．の，「客観」での

「困難」($b \leftrightarrow a$ の差)はその侭〝同じ〟であるが，「主観」(概念)が入って来たことにより，その「概念」(寛容さ)がカヴァーされる程に，「主観」·「客観」の生みの親である「私」2. を支配する「意識」が変革されたということである。「私」2. は，〝物質的〟には前どおり貧しい侭だが，〝精神的〟に豊かになっただけ(精神の豊かさを持っただけ)，普遍性が上がったということである(「抽象レベル」が(1F)から(2F)へ上がった)。

「弁証法」の言葉でいえば，「私」2. と「私」1. との「幸せ」を感じる差(〝矛盾〟)が，「私」2. の〝寛容さ〟の「概念」の賦与と，それを受容する「私」1. の持つ〝感謝〟という「概念」の変更とが一致して「共通概念」が成立した「1段と抽象次元が高い処で」〝統一〟されたということになる。

岸恵子さんは，「幸せ」というものを〝退屈〟と同一視していらっしゃるのが本心，ととれば，「幸せ」を，「困難」の中にある，という感念，それも「困難」が大きいほど，克服した際に〝高い〟ものになる，という感念，を持たれない程度の，小さい「ゆらぎ」の人生を送って来られたのかなあと，失礼乍ら無念に思います。少年時代から敬愛してきた岸さんですから。「困難」を，自ら作らねばならないとは…。天与でなくて。

それとも，「老年の孤独」を打ち消す〝はったり〟なのでしょうか。

4·4·3 「背徳」と「美」の拮抗が「文学」

(1)三島由紀夫は，「文学」とは，「背徳」と「美」の拮抗であると言っている。

前項で表現した(〈Fig.4·1〉)，「社会」の着地点の軌跡 PP' 上に，「社会」の構成員，われわれのモデルで言えば「私」1. と「私」2. の2人，の「幸せ」を表わす点 a と b だが，(一般には，n 個の点が)この軌跡 PP' に相当する線上に(実は n 次元平面の曲面に)〝分布〟していて，その〝平均値〟(厳密には，〝平均〟から〝散らばり〟を〝引いた〟もの)が存在する。〈Fig.4·1〉で言えば，a 点と b 点との間に c 点があって，「私」2. で見れば，c 点より右側が「退屈な幸せ」で，左側が「傷」である。

図のように，「私」2. と「私」1. とが，着地点がそれぞれ a，b の侭「弁証法」で〝統一″されていなければ，「私」2．にとっての「困難」$a \leftrightarrow b$が「矛盾」として残る。

そして，「傷」の部分を引き受けるのが「文学」(或いは「芸術」)である。

〝矛盾″から，〝平均値″(社会的公正c点)を差し引いた〝概念″($(b-a)-c$))の形成過程で，初めのうちは〝矛盾″の比重が未だ大きく残っている。この段階で，〝矛盾″と〝概念″が拮抗している。2つの〝概念″の「形成過程」で，〝矛盾″が「肉体」と拮抗している「段階」を引き受けるのが「文学」といえる。この段階が「背徳」であり，これと「美意識」とが拮抗している段階が，三島のいう「文字」の，対象である。

(イ) 「背徳」：$b-a$：ゆらぐ↔ ／「美」：c：ゆらぐ↔ ｝動く(→)：実は，この“動き”は，「弁証法」の階段を昇りつつの“動き”ではない。

「分布」（ゆらぎ）

「私」2．の着地点　「私」1．の着地点

動く　P'　a　c　b'　P　C^*　$(b-a)$

「関係」（抽象レベル一定）維持

「パレート最適」線（この上に，偶然，各「私」の着地点が乗る）

「平均値」（「社会的公正」点）

(ロ)（この概念）が，（この概念）の〝形成過程″と詰抗してC^*へ進む。
→初めは，cより，$(b-a)$の比重が高くなる。「社会的公正」のc^*より，$((b-a)-c)$の前者の比重が，大きくてcと詰抗している〝動的過程″を「文学」が扱う。〝この過程″が「背徳」，これを「美」cが追いつき乍ら「社会的公正を点」のC^*まで動いてゆく過程を，「文学」が対象とする。「背徳」の意味が，「肉体」と関わる場は，「文学」の対象は，「肉体」と「美」の詰抗し乍らの動的過程である。

〈Fig.4·2〉「背徳」と「美」の〝拮抗″の意味

(2)現象空間(具体空間)では，無数の〝矛盾″(トートロジー同士)が〝共存″している。複雑な〝事象″の〝絡み合い″をほぐせば，互いに〝独立″の，

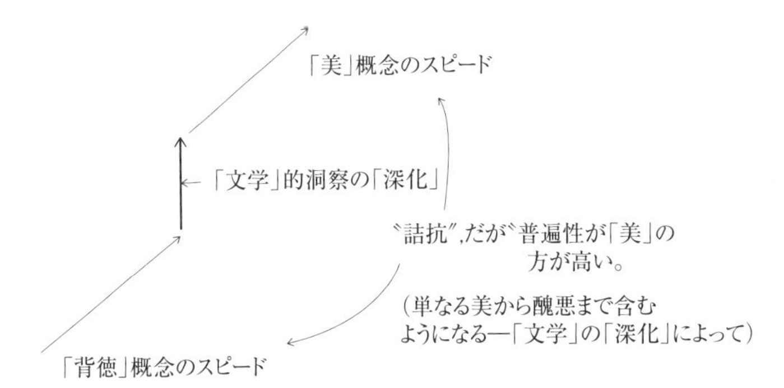

「背徳」のカヴァレジの拡大と詰抗して,「美」の概念のカヴァレジが進むが,「文学」の洞察の〝深化〟によって,「美」の概念の〝普遍性〟がそれだけ汎くなる。「文学」の洞察の〝深化〟は,「背徳」の範囲の拡大により1次元深くなること。

〈Fig.4·3〉　背徳・美・文学（弁証法）

〝トートロジー〟の集合である。〝独立でない〟もの同士が,存在するが,一方を〝論理〟で〝等価変換〟してゆけば,〝従属部分〟或いは〝重複部分〟が顕われて,それらを〝捨象〟してゆく。そうすれば,必ず,相手に影響を〝与えられない〟し,相手から〝受けることもない〟,別の〝トートロジー〟(独立)に〝突き当たる〟。このようにして,出来る限り〝シンプル〟な〝要素〟に分解して,〝時空〟の「構造」を顕わにするのが「哲学」である。「科学」も広義の「哲学」の一種である。「自然科学」も「社会科学」も。

物理学·経済学は,哲学を構成する「抽象概念」を〝嫌う〟が,「抽象」を嫌うのに根拠がない。「抽象」は必ず「事象」とセットになっている。「抽象」が単独で顕われることはない。複数の「具象」の〝統一〟としてしか顕われないから。〝普遍化〟としてしか顕われない。即ち,「抽象」とは「弁証法」と同義である。

経済主体を真似すれば,バランス·シートの左側は,「弁証法」によって〝統一〟を繰り返えされた「概念」のピラミッドが立っているが,右側は,左側の,上に行くに従って抽象化してゆく「概念」を,「質料」と呼ばれる

「具体」が，上まで不変の大きさで支えて(供給して)いる(「質料」は，物理でいう「質量」とは別だが，後者は前者に含まれる)。

左側は，〝矛盾″するもの同士の〝統一″の過程だから，下のもの同士が1本化される過程で，下の，相矛盾する2つが持っていた(右側から供給されて)「質料」の密度が2倍になってゆく過程といってもよい。従って，左側の質料(「概念」の中に隠している)は，合計で，右側と等しい(恒等的に)。

(3)岸恵子さんと筆者との「哲学」の違い～天与の「困難」の有無

(岸さんは「私」1.，筆者は「私」2.)

「私」2. の「幸せ」の天与の位置はa，「私」1. の「幸せ」の天与のの位置はbと，「パレート最適」線上の位置は，両者で異なる。「パレート最適」の図〈Fig.4·2〉は，抽象次元一定の水平面上に描かれた図である。従って，その上での〝動き″は，「弁証法」の階段の〝昇り降り″ではない。しかしとにかく，この図上では，岸さんは，「私」1. で，「退屈なしあわせ」でb点に位置されているものと拝察される。これに対して筆者などは，「私」2. で，岸さんの，「退屈なしあわせ」分だけ「困難」を背負って生まれてきたと自覚している。

そこで要求されるのは，「「しあわせ」は，天与の「困難」の〝克服″と同義」という哲学である。岸さんは，「退屈な」を退けるため，〝人為的に″，好奇心と冒険を持って来られる。両者に共通になったのは，「困難」に直面したことである。われわれにとっては，天与でであるが，岸さんにとっては人為での違いであるということはあるが，両方共，「困難」の〝克服″が「しあわせ」への道となった。

「文学」は，人生には，人為はともかく，天与の「困難」があることを前提しないのか。

さきに，「背徳」と「美」が詰抗し乍ら，社会の公正点に近づいてゆくプロセスは，「文学」が介在して，「弁証法」の段階を昇るプロセスだといった。

「困難」は，最大の「自由」ではない，か。そこに「文学」の意義があると思われる。「困苦」は，大きいほど，得られた「幸せ」は大きい。

4·4·4 「折々のことば」(鷲田誠一)より再度，及び他の「事例」

(1) 「三人寄れば文殊の知恵

ことわざ

遠隔会議はなかなか効率的である。対面の会議よりも速やかに進行する。余談や脱線がしにくいし，隣の人とここだけの話もできないから。けれども話がずれてゆく中にこそ発見がある。思いがけない連想や，補助線の引き方に驚かされる。何よりも足の揺すりやふとした深呼吸から，ああ納得していないなとわかる。針路を変える決断も一所に集まらないと怖くてできない。」

「話がずれてゆく」は，〝当初の話〟から，〝次元の違う話〟へと，会議の論理のレベルが移行してゆくことであり，本筋の囲りの〝ゆらぎ〟上の２点間の距離の発生，即ち〝矛盾〟の発生である。

「その中にこそ発見がある」は，〝矛盾〟の〝統一点〟の発見である。

会議の〝当初の均衡〟から，より高次の〝均衡状態〟への，〝再均衡〟である。

「足のゆすりやふとした深呼吸」は，当初の均衡状態に，外部から注入さ

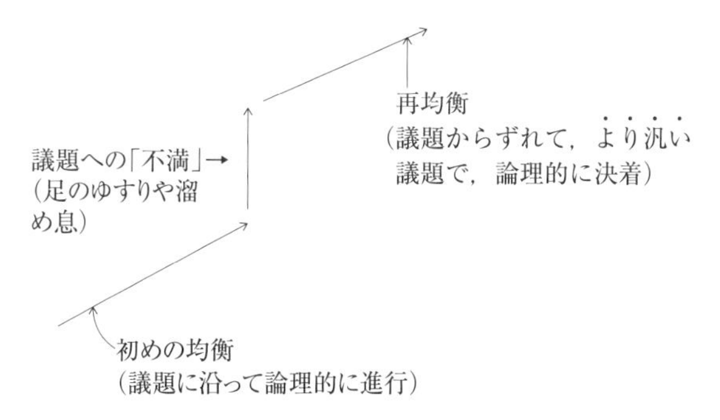

〈Fig.4·4〉「密着会議」の形

注：〝論理的〟とは，ルール（多数決）のこと。多数決は，多数の中の任意の〝個人〟の意志が，少数の中の任意の〝個人〟の意志に優先するというルールで，本来，不条理である。この不条理は，再均衡で除去されるのが〝通例〟。

れた〝ショック〟である。これにより，会議の全体の均衡は破れ，新しい均衡状態へ再編成されるのである。

これは，「人間の体」にも当て嵌まる，健康から，外部からの侵入を経て，再度健康へ。

(2)(事例)1

たまたま，朝日新聞に，「百典百名山」(平田オリザ)で，与謝野晶子「みだれ髪」が，俵万智さんの「現代語訳」を対比して，紹介されていた。取り上げられた〝うた〟の1つは

『やは肌のあつき血汐にふれも見で
　さびしからずや道を説く君』

これに対して俵万智さんの「現代語訳」は，

『燃える肌を抱くこともなく
　人生を語り続けて寂しくないの』

与謝野晶子の時代と，俵万智さんの現代の間に，100年もたたない間に，女が自分の〝性〟を語る同じ〝恋愛観〟が繰り返えされているようにみえる。その中間に〝青春〟を過ごした筆者らは，〝恋〟と〝性〟とは俊別していた。〝恋愛〟といったら〝人生〟を〝語り合う〟ことだった。〝三歩進んで二歩下がる〟であろうか。この差の一歩を進める〝実体〟は，つきつめれば，〝神〟という〝実体〟(本質・不変)が与えた，「二大本能」の〝1つ〟のうちの〝種保存〟，つまり，遙かなる昔，宇宙に生じた無機分子が，一部転じて生物になったときに，その有機分子の中に含まれた〝遺伝子〟の指令の方向が，最初は当該生物以外の〝環境〟に順応したものと，しなかったものがあって，どちらになるかは「偶然」であった(現象)。順応したものは，一歩進み，しなかったものは一歩退ってこの世から消えていった。従って，現代，この世に存在するものの一切は，その際に〝一歩進んだ〟ものだけである。(「弁証法」は〝現象〟で始まって〝実体〟に収束する。従って，「二大本能」は〝実体〟(＝本質＝不変)であろう。)〝本当のこと〟は分からない。〝無いもの〟は，〝無いこと〟を実証できないから。しかし，〝時代の流れ〟，〝歴史の進歩〟の実態を

このように考えてよかろう。

与謝野晶子の「みだれ髪」に対して，俵万智さんの「現代語訳」は，恋愛観の「進化」を経たものと考えられる。〈Fig.4·5〉を参照されたい。

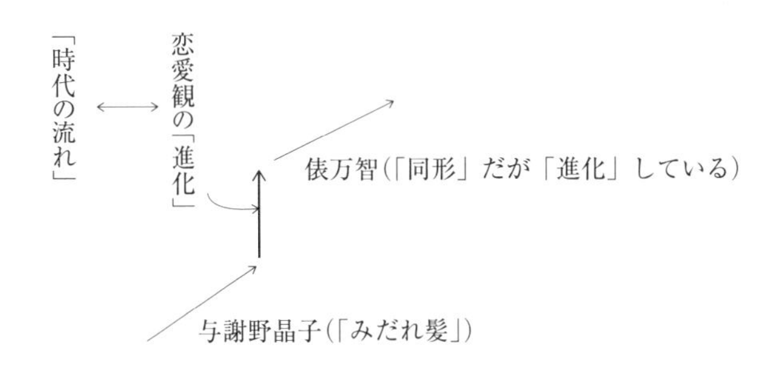

〈Fig.4·5〉　観念の「進化」とは「時代の流れ」(目に見えないその実体) と同じ

(3)(事例)2.　藤井七段と小川洋子氏との対談

2020年1月3日の朝日新聞に，作家小川洋子さんと，天才少年棋士とさわがれた将棋の藤井聡太七段との対談が載っていた。その中で，小川さんの「〝勝つための一手〟と〝最善の一手〟がイコールでない時はあるのですか」との問いかけに，藤井七段は「もし相手が絶対に間違えないという神のような存在だったら，イコールになりますが，実際の対局だと相手も間違えることがありますので」。「〝局面としての〟最善手と，〝勝つための〟最善手が完全に一致するとは限らないですね」。「ただ，自分は，相手が間違えるという前提に立って考えることはないですね」と言っている。

最善手を探すには，相手が間違えないことが〝与件〟になっている。しかし，〝与件〟が変わった場合，即ち，「相手が，こちらの手順に，今まで経験したこともないような，〝予想しなかった〟独創的な手順で対応してきた場合の局面で，〝普通なら〟有り得ないような手が最善ということもあります」。

最初の小川さんの問いに，次いで発せられた問いである「〝美しい〟手と〝最善〟の手とはイコールですか」に対して，藤井七段は，併せて，このように答えている。

これに加えて「相手が間違える場合」も，〝与件〟の変化である。〝与件〟不変の局面と，〝与件〟可変の局面とでは，最善手は異なる。

可能な限り〝多くの〟可変局面に〝対応〟した唯一の〝最善手〟が可能な限り短い〝読み〟で打たれる場合，その手が〝美しい手〟であろう。そのように〝美しい手〟を仮定した場合，故・大山康晴永世名人が思い浮かぶ。大山永世名人は，〝七手先〟に，〝キラリと光る〟名手があると言われた。

互いに〝矛盾〟する多くの局面のセットに〝対応〟する〝最善手〟を，瞬時に〝統一〟する能力を持っておられたのであろう。

異なる〝具体〟を〝統一〟するには，異なる〝具体〟間の〝共通性〟(これは〝概念〟になる)を抽出することが必要である。この操作を「弁証法」という(既述)。

なお，〝勝ち〟を目指す〝最善手〟とは，もしかしたら，離れるかもしれないが，最善手の〝一形態〟として，「完全数」を満たすのに，「局面を想定」して，「実際の一手」を指す〝指し方〟を，「美しい手」と呼ぶことも「観念的」には考えられる。

「完全数」とは，6(1+2+3=6)や，28(1+2+4+7+14=28)などであるが，これらは(1/6+2/6+3/6=1)，(1/28+2/28+4/28+7/28+14/28=1)と書き直すことができる。

前者の場合の(　)内を説明すると次のとおりである。右辺の1は，実際に実現した「事後の確率」である。左辺は，事前に想定される現象の分布のそれぞれの確率の合計である。左辺の〝3項〟は，考慮に入れられる〝手〟の類である(〝手〟の数は3つである)。各〝手〟の分子は，その〝手〟を採った場合に想定される「局面の数」である。分母の6は，各手を通しての局面の数の「合計」である。3つの〝手〟のそれぞれを採用した場合の「局面数」は，順に，1，2，3が想定される。

〝3つの手〟のいずれか1つが〝実行〟されるから，「事後確率」(筆者の造語？)の右辺の1(=6/6)である。つまり「完全数」とは，考慮の対象となる「局面数」の「全て」が，実際に「1手」に絞ぼられたときの，〝事前の考慮対象手″(3つの〝手″)のそれぞれの「事前確率」の「合計」が，実現された「1手」の「事後確率」に一致するような，「考慮局面数」のことである。

つまり〝主観″と〝客観″が一致する状態に対応する「数」である。複数の相異なる数が〝統一″された状態である。各〝手″間に，共通点が無い(各〝手″が互いに独立)とすれば，〝統一″するには「概念」に依存(抽象レベルの上昇)するほかない。大山永世名人は，「概念」を直観されたのではないか。藤井七段が将来，真の〝天才″との定評を得るには，このような〝才能″を持ち得ているか否かによるであろう。(不遜な言い方で失礼であるが。)

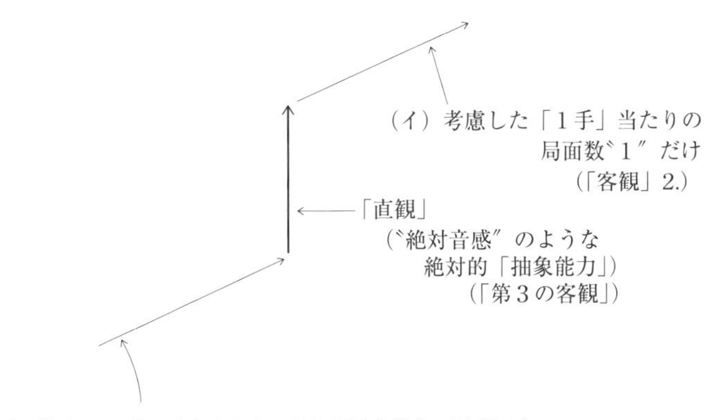

〈Fig.4·6〉「直観」による「美しい一手」

(注1.)「直観」とは，「1つの手」で生ずる「局面」が「1つ」だけを当てる能力。(イ)と(ロ)は，「指し手」数は，〝同じ″で〝終了″する。「均衡」·「再均衡」これが〝対称性″。普通の棋士に対し，天才棋士は，「指し手」数，同じ〝終了″状態に到るが，「次元」が上がっている。「抽象次元」上げを「直観」という。

(注2.)(ロ)の〝多数″は「客観」1.，(イ)の〝1″だけは「客観」2.。これに対して，「直観」がいわば「第3の客観」となって，「想定局面数」〝少数″を〝補って″，〝対称性″に持ってゆく。

4·4·5 「折々のことば」(鷲田誠一)再録

「

everybody to count for one,
nobody for more than one

「ベンサムの金言」

だれでも一人として数え，だれも一人以上に数えてはならない。英国の思想家，ジョン·S·ミルが，先達のJ·ベンサムの言葉をアレンジし，彼の「金言」としたもの。一人一人は社会の単位にすぎないのではなく，どの「一」も同じ重さを持つということ。公平と平等の大切さを説くこの言葉，クールで簡潔な表現だけによけい強く心に響く。ミルの『功利主義論』から。」

少なくなった「戦争体験者」の「戦争観」は，〝普通〞(1つ)である。〝リアル〞には多数あるが〝統一〞する点(1つ)がある。それと，多数になった「非体験者」の「戦争観」(それぞれの個人につき〝多数〞)とが，政治の場で，「多数決」という，両者の間の〝形式的平等主義〞で扱われているのが〝客観的〞事実である。「戦争観」〝多寡〞と無関係に，戦争に関することが決められている。〝1人〞当たりの投票数は，〝同じ〞(平等)だから，〝1票当たり〞の「戦争観」(重さ)は体験者の方が勝っている。同じ「戦争」という〝言葉〞でも，「体験」しているのだから。(その中に〝入って〞いるのだから)〝重さ〞というよりも，〝意味〞が違う。非体験者は，極端に云えば，〝伝聞〞に過ぎない。「経験」という，「第3の客観」によって，〝重い〞にも拘らず，〝軽い〞者と，〝同義〞に扱われるという，〝不平等〞が，即ち「次元」が上がっている(意味が違っている)という形で，形式的「平等」(〝対称性〞)が，〝客観的に〞成立しているのである。

この事例を，前記事例と対比してみると，

(将棋の場合の「手」と「局面」の関係と,
多数決の場合の「1票」(平等)と「体験」の関係に

対応している。そして,「第3の客観」(共通概念)として,前者の「直観」が後者の「経験」と対応。

とにかく,上記メカニズム(弁証法)によって,一見しての「多数決」の不合理が,現実に存在している「事実」が,客観的に説明されるのである。

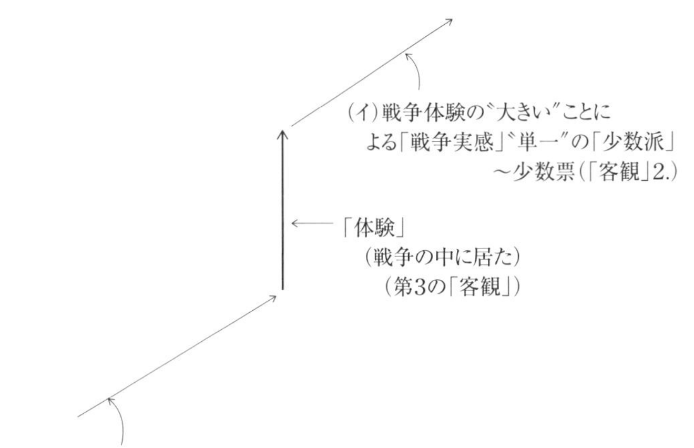

〈Fig.4·7〉「体験」の有・無による「多数決」の現象としての「合理性」化

(注)・(イ)の少数票と(ロ)の多数票の〝差〟(矛盾)を「体験」という「実感」でカヴァーして,(「次元」を上げて,)(イ)と(ロ)は〝対称性〟を保っている。
・「主観」(「実感」)は,「客観」1.,「客観」2. がそれぞれ作る。その「主観」が,(イ)と(ロ)で同じ。(〝対称性〟)

「多数決」の一見しての〝不合理〟とは,「人格」は〝主体〟(意識)であり,〝対称〟でなく,〝矛盾〟する客体相互の〝統一〟をする,或いは〝アプリオリな普遍性〟を持つ。故に,「足し算」できないし,「割り算」ではない〝身体〟

でもある。だから同じ「次元」では「多数決」できないことに由来する。「人格」は「足し合わせる」ことができない(1+1‖1である。)かに見えるから。しかし，右辺の1は「1次元」上での〝統一〟を意味する，即ち，「1票」が，「体験」の〝多さ〟(第3の「客観」)でカヴァーされ，多数者の「次元」と，少数者の「次元」とで〝対称性〟が成立しているかに形式上見える。

第Ⅱ章(1)　経済学の構造

§1. 「イチバ」と「市場」,「ネダン」と「価格」

経済現象と日常いわれるものは,〝具体的″には,例えば

〝本″・〝おかね″・〝売り手″・〝買い手″—「ネダン」・「イチバ」

〝トマト″・〝おかね″・〝売り手″・〝買い手″—「ネダン」・「イチバ」

〝差異″これを〝統一″すれば

→「統一」は,「商品」(財・サービス),「貨幣」,「需要」,「供給」—「価格」,「市場」となり,〝抽象的″になる。この〝抽象的″「概念」で「経済学」は記述される。

§2. 「モデル」と「比較静学」・「比較動学」

「市場」(概念)を〝場″として(挟んで),「需要」⇔「供給」の間の〝矛盾″を,「価格」(概念)で,1F で,〝統一″に持ってゆく。「価格」が〝硬直″の場合は,「数量」(概念)で〝統一″へ持って行く。〝統一″先は 2F である(いわゆる「乗数効果」)。

「需要」計画表,「供給」計画表はミクロ(1F),〝統一″されたものはマクロ(2F)である。任意の「価格」での「需要」計画及び,任意の「価格」での「供給」計画は「ゆらぎ」(又は,任意の「数量」での「需要価格」計画,及び,任意の「数量」での「供給価格」計画は「ゆらぎ」)である。「市場」

を概念上構成するのが「需要計画」,「供給計画」, 及び「価格」である。「市場」という〝場〟に於いて, 任意に,「需要計画」上と, 供給計画上という,「ゆらぎ」上に1点づつとったときの,「価格」一定下の両者の「数量」の〝差異〟が〝矛盾〟である。この場合, 両「数量」が「共通概念」。「需要計画」という「価格」·「数量」のセット, 及び,「供給計画」という,「価格」と「数量」のセットが,「共通概念」を模索した結果,〝統一〟点に達する。〝統一点〟が「市場均衡」とよばれるもの。又, 一定「数量」下に2点をとった場合も同じである(「価格」〝差〟が〝矛盾〟。両「計画」上の「価格」·「数量」セットが「共通概念」模索経路となって, 1F上の〝統一点〟へ向かう)。

〝統一〟「概念」になる「価格」又は「数量」が,「*BB'* ↑」。(第1章Fig.1·3)

初め〝統一〟されていた「構造」*O*—いくつかの〝統一〟された「市場」の集まり(大系)—から,「需要」又は「供給」の, 大系外からの「付加」(パラメータ変化)で,「市場」の大系は全体として〝バランス〟を〝崩し〟, それが「構造」全体に伝わり,「構造」全体が, より高い「次元」*O'* で〝再均衡〟する(「マクロ」で)。典型的な「弁証法」のメカニズムである。

そこで「構造」全体を表現したものが, 全「市場」の〝統一〟を同時に(マクロで)表わすものが,(マクロ)「モデル」である。但し,〝統一〟状態 *O*, *O'* が〝同じ〟「時間変化」を表わすものは,「動学モデル」という。

戦後, 世界の「雑誌」に無数の「モデル」が発表されたが,「本質」(skeleton)を見れば,「古典派」と「ケインズ」の2つのヴァリアントである。

§3. 「古典派モデル」と「ケインズ·モデル」比較

「古典派モデル」と「ケインズ·モデル」との「差異」は, 大きく, 2つある。1つは,「貨幣供給」と「モノ」の関係のもの。もう1つは,「市場」統一の「完全性」の差異である。ここでは,「貨幣」と「モノ」の関係に焦点を当てて, 両「モデル」を比較したい。

3·1　貨幣市場の比較(略図化)：(イ)→(ロ)の経路(ケインズ)vs 古典派(ロ)

(1)　「貨幣市場」を取り出して，両モデルを比べると，($\overline{M}$：マネー・サプライ，y：実質 GNP，P：物水準，i：名目利子率，k：マーシャルの〝ケイ″)として，又，K 資本ストック不変の「短期」を「モデル」として：

$$\frac{\overline{M}}{p}=ky$$ —(古典派)（$\overline{M}$が上昇しても，同率の p の上昇で右辺と無関係。右辺の y は「生産関数」から。）

$$\frac{\overline{M}}{p}=ky+\overset{(+)}{L(i)}$$ —(ケインズ)（左辺：実質「貨幣供給」 右辺：〃「貨幣需要」）

となる。加えて，「GNP」の「供給」(次式左辺)と「需要計画表」(次式右辺)の〝統一″：

(右辺に「需要計画」があるが，左辺に「供給計画」がない！)

(2)　$y=C(y)+\overset{(-)}{I(i)}$—(ケインズ)

右辺の「需要計画」が左辺の「供給」を引っぱる。(有効需要の原理)

(消費)(投資)

「供給」←「需要計画」

(モノ・サービス)(ロ)

(2′)　y→「生産関数」→は別々

N(雇用量)の決定メカニズム

(古典派)の右辺の y は，「生産関数」から。「生産関数」は「雇用量」の関数。「雇用量」は「労働市場」は，「実質賃金率」フレキシブルで〝統一″で決まる。

(ケインズ)と異なる。(ケインズ)は N は，「労働需要曲線」上で決まる。

(3)　i= 証券の「〝期待″収益率」↓(イ)
(利子率)

$$\left(\frac{(\text{一定の「将来」の証券価格の予想額}+\text{固定利子と，現在の価格との「差額」})}{\text{現在の証券価格}}\right)\downarrow$$

(4)　「ワルラス法則」～「全資産 = 需要総額 = 供給総額」のために，「証券市場」の〝統一″式は省略できる。

(5)　$\overline{M}$(金融政策)↑　↗(イ) i↓ $I(i)$↑ →(ロ) y↑ → ky ↗ $\overline{M}$↑→p↑→$\overline{M}/p$(不変)〝統一″(古典)
(〝矛盾″)　↘ $L(i)$↑　〝統一″(ケインズ)

→「新古典派総合」

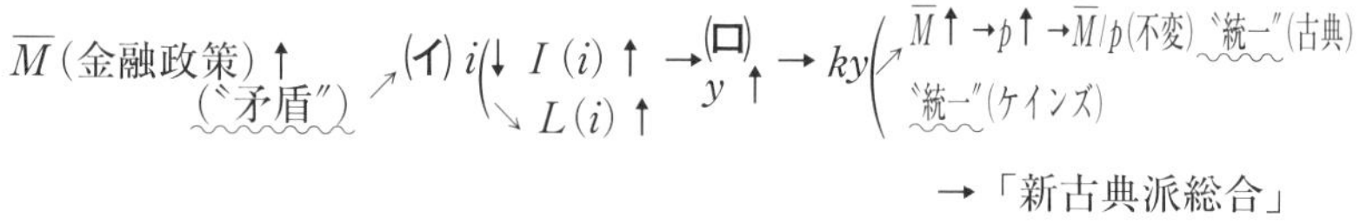

3·2　違いの「略記」

(1)「古典派」の貨幣方程式は,「供給サイド」は$\overline{M}$/P(実質マネサプライ)に対し,「需要サイド」は,〝取引需要″kyのみであるのに対し,
「ケインズ」の〝貨幣方程式″は,「供給サイド」は$\overline{M}/\overline{P}$(実質マネサプライ)で同じだが,物価水準$\overline{P}$がパラメーターである点が第1の〝違い″である。そして,「需要サイド」は,「古典派」と同じ〝取引需要″kyに加えて,〝投機的需要″$L(i)$がある点が,大きな〝違い″である。『一言で言えば,古典派は長期の統一状態であるのに対し,ケインズは,長期の期待される変数値(統一値)を短期(現在)に戻して,現在(短期)状態を表現しているのである。即ち,〝矛盾″状態がケインズ,〝統一″状態が古典派である。』

(2)〝投機的需要″は,利子率i(証券の期待収益率)の減少関数で,将来,証券の期待収益率が下がって,他の資産(実物投資)の期待収益率より低くなったときに,実物投資をするために,現在貨幣を保有しておこう,という〝貨幣需要″である。従って,実物投資$I(i)$は,利子率iの減少関数であり,この「iを媒介として〝実物″yと繋がっている」のである。(iを媒介にしてyと繋がる)

(3)従って,$\overline{M}$(マネー・サプライ)が増えたときに,両者に〝違い″が出る。
「古典派」は,「$\overline{M}$増」に対して,「物価P」の〝比例的増大″をするだけで,yに何の影響も及ぼさない。(資産需要というのがあるが,統一的に説明できないので捨象する。)これに対し,「ケインズ」は$\overline{M}$が増えたとき,増えた$\overline{M}$は,先ず〝投機的需要″$L(i)$充足に廻わる。そこで利子率iが下り,実物投資$I(i)$の「期待収益率」より低くなるのを待って,$L(i)$に当てられた$\overline{M}$

増が，実物投資に廻わる。「実物」y市場で生じた「需要超過」という〝矛盾″が，「それ」に引っ張られて〝統一″に向かう。そのときのy「供給」は，「生産関数」を通じて，「雇用」増(失業減)をもたらす。

(4)結果は，「金融政策」は：

(「古典派」では，〝無効″
「ケインズ」では，〝有効″

という〝結論″である。

(「古典派」の流れを現在継ぐのが「マネタリズム」であり，
「ケインズ」の流れを現在も，継ぐのが「ケインジアン経済学」である。

(5)但し，30年前の「バブル崩壊」による，「実物投資」が〝期待収益率″の下落が〝余りにも大きかった″ために，「金融政策」による〝利益率″iの下落が未だ追い付いていない。

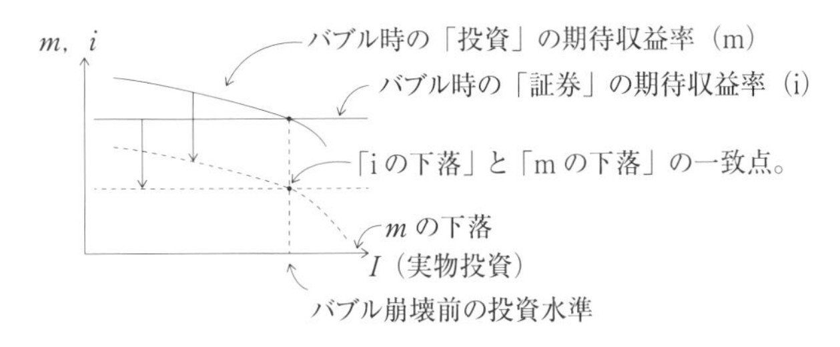

〈Fig.1･1〉「マネタリズム」か「ケイシジアン」か（何れも矛盾から統一へ）

次節では，均衡状態Oにある「市場経済」に，常時伴う2大病弊である，「インフレーション」と「失業」とを，上記2つの「モデル」でどう表現されるかを，見てみたい。貨幣$\overline{M}$の追加(減少)で生ずる「インフレ」，「失業」(デフレ)という〝矛盾″から，どのようにして高次の〝統一″O'に達したか。

フィリップス曲線が O' なのか。

「短期」で「ケインジアン」が〝有効〟で，「長期」で「マネタリズム」が〝有効〟であることを，フィリップス曲線が，両者が「長期」で〝同形〟になることを示して，証明したい。

即ち，次章で，「短期」でケインジアンが有効で，「長期」で，「マネタリズム」が有効であることを，「フィリップス曲線」で示してみたい。「フィリップス曲線」が，ケインズでは「短期」—(矛盾)では〝右下り〟になり，「長期」—(統一)では両者が〝同形〟(垂直)になることを示したい。ケインズが，弁証法の〝矛盾段階〟を，マネタリズムが，弁証法の〝統一段階〟を表わしている。

第Ⅱ章(2)　付　論
インフレーションと失業(試論的講義案)
～〝総需要曲線･総供給曲線の再考〟を中心に

§0.　はじめに

本稿は表面的には，筆者が1980年代から立正大学で行っててきた講義内容を大幅に書き改めたもので，表記･表題による講義の内容とその方法に関する一つの提案である。しかし，それと同時に本稿は，そのように学生に対する講義案の体裁をとってはいるが，じつは，(1)ケインジアン･モデルからも，〝右上り〟の長期フィリップス曲線の導出が可能なことを示したこと，及び(2)マネタリストのモデルをケインジアン･モデルと対比可能な形で定式化しそれによってマネタリストの主張である，〝マネーサプライの増減は，景気対策として，短期的に有効であるが，長期的には無効になる〟という命題を視覚的に明示したこと，の2点で貢献した「論文」である。これに加えてタイトルの副題に関して，故･藤野正三郎先生(一橋大学名誉教授)から筆者に対して直接与えられた問題提起に一応のお答えをしたもので，その問題に対する筆者の不完全な考えの試論の表現と考えて頂きたい。

なお，以下では，ケインズ(短期)と，古典派(マネタリズム･長期)の総合と称して，「新古典派総合･モデル」が，一般に(〝矛盾〟と〝統一〟との現在表現として)普及したので，ケインズは「そのモデル」，古典派は「それを(期待を現在へと割引いて)改変したモデル」として，展開している。

古典派は，「長期」の前提から，「期待」を導入して，「貨幣」が変わっても，「長期」では，旧来の「古典派」と〝同形〟のフィリップス曲線が成立することを主張している。ケインズでは，「貨幣」が，「利子率」を媒介して

「実物」に影響することを，従来どおり表明していている。貨幣と実物との関係の，両モデル間の〝矛盾〟は，何れも，〝長期〟の「パラメータ変化」導入で，〝対称性〟を取り戻している形で〝統一〟されている。従って，弁証法である。それを，以下で説明する。

そのようなわけでモデルの提示以外の数式による展開の部分等は，とばして読まれて差支えない。なお，日米のフィリップス曲線の作成について，石田孝造名誉教授(立正大学)に全面的に負っている。また，藤野先生には原稿の一部をお読み頂き，貴重なコメントを頂いた。

§1. フィリップス曲線

1·1 フィリップスの発見した失業率と賃金上昇率とのトレード·オフ関係

資本主義経済のマクロ的にみた2つの困難は，インフレーションと失業の存在とである。インフレーションとは，財·サービスの価格が足並みをそろえて，長期間にわたって上昇し続ける現象をいい，他方，失業の存在は経済全体における労働に対する需要をその供給が上回る状態が短期間に解消しない状態である。

ただし，ここでいう労働の供給とは，現行の実質賃金率(貨幣賃金率を物価水準で割った値)のもとで働きたいと思っている労働者の数と平均労働時間の積はもとより，自ら労働することを欲しない潜在的労働力(自発的失業という)および働きたい新しい職種や場所を模索中の労働力(摩擦的失業という)もこれに含まれる。

ところでインフレーションは，現在，貨幣を手放して財·サービスを保有しようという行動であり，それによって貨幣の購買力を減耗させることによって，人びとの貨幣に対する信頼感を低下させると同時に，それは現在の財·サービスに比して，将来の財·サービスに対する選好の低下状態を意味するから，その社会の財の「成長性」に対する希望の喪失状態であるとみなすことができる。他方，失業は，財・サービスでみた経済の活動水準の低下状態であり，これは，デフレーション(一般物価水準の持続的低下状態)を伴うが，デフレーションは，現在，貨幣を保有して財・サービスの保有を控えようという行動であるから，現在の財・サービスから人びとの選好が貨幣へと移動したことを意味し，これは現在の財・サービスに比し，将来の財・サービスに対する選好の優越を意味するから，その社会の生産物の「成長性」に対する信頼性が大きい状態であると考えることができる(但し，これに関しては異論も存在する)。

したがって，インフレはその社会の将来の成長率の低下予想に対応し，デフレはその社会の将来の成長率の上昇期待に対応する。すなわち，経済の活動水準に対する人びとの予想は，「経済の活動水準は循環する」というものである。しかしながら，その循環の過程において，インフレーションは，貨幣の購買力の低下(貨幣に対する信頼度の低下)による市場機能の低下を伴い，また，デフレーションは，経済の活動水準の低下からくる失業発生という社会問題を伴う。したがって，政策当局は，この2つの困難の可能な組合わせのうち，社会的に最も望ましいと判断するものを選択することを要請されると通常考えられている。

ところで，イギリスのフィリップス(A. W. Phillips)は，1958年に発表した論文で，過去100年間のイギリスのデータを用いて，貨幣賃金率(名目賃金率)の変化率と失業率との間に，Fig.1のような右下りの関係があることを明らかにした。

ところで，貨幣賃金の変化率と物価上昇率(インフレーション率)との間には次のような関係がある。

物価上昇率
　　＝貨幣賃金率上昇率 －(労働生産性上昇率 ＋ 労働分配率の変化率)

そこで，上式の(　)内の労働性生産上昇率と労働分配率の変化率との和が

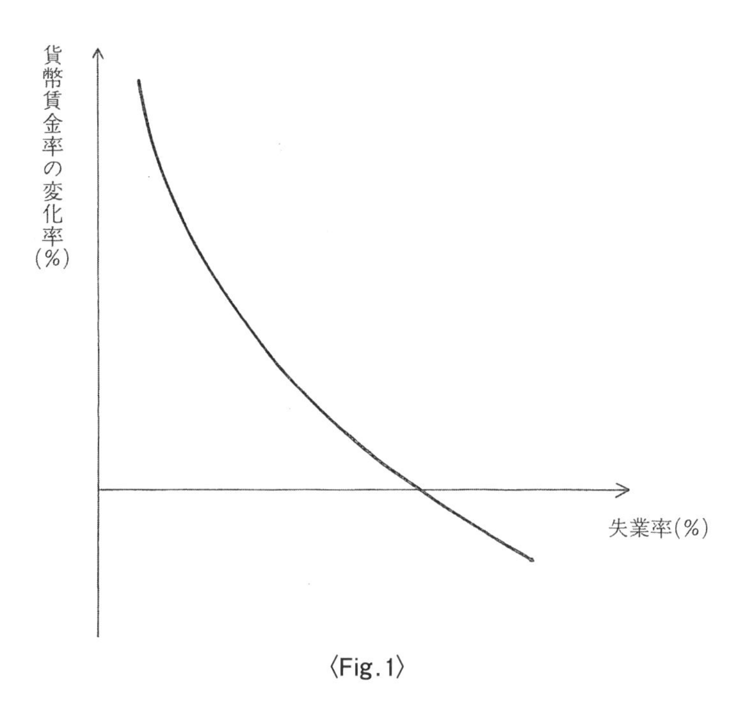

〈Fig.1〉

大きく変動しないとすると，Fig.1で与えられたフィリップス曲線は，物価上昇率と失業率との間の右下りの関係と読み直すことができる。したがって，以下では，物価上昇率と失業率との関係を与える曲線をフィリップス曲線と呼ぶことにする。そして，この曲線上の物価上昇率(インフレ率)と失業率との組合わせが，政策当局が選択し得る可能な組合わせと考えられるにいたっている。

このような意味でのフィリップス曲線が「右下り」であるということは，物価上昇率を低く抑えようとすれば高い失業率を甘受さざるを得ず，逆に，失業率を低下させようとすれば高い物価上昇率を許さざるを得ないということを意味する。このことを物価上昇率と失業率との間にはトレード・オフ(trade-off)の関係があると呼んでいる。

1·2　第2次大戦後の日本とアメリカのフィリップス曲線
～平時の「右下り」とオイル・ショック時の「右上り」

そこで，第2次大戦後から現在にいたるまでの実際のフィリップス曲線を日本とアメリカについて描いてみるとそれぞれ Fig.2 及び Fig.3 のようになる。

日本についてみると，1955年から1972年ごろまでのいわゆる高度成長期においては，確かにフィリップスの示したような右下りの(左上りの)フィリップス曲線が与えられている。また，1981年以後1993年にいたる期間も右下りになっている。しかし，第1次オイル·ショックのあった1973年から74年にかけては大幅な物価上昇を伴う右上りのフィリップス曲線が描かれ，さらにそれが終熄に向う時期から第2次オイル·ショックの発生した1979年

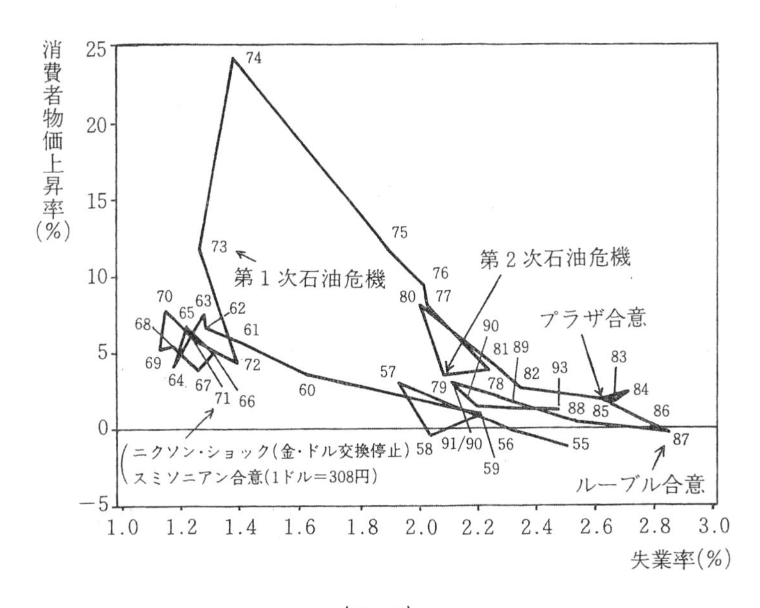

〈Fig.2〉

(資料：日経総合経済ファイル)

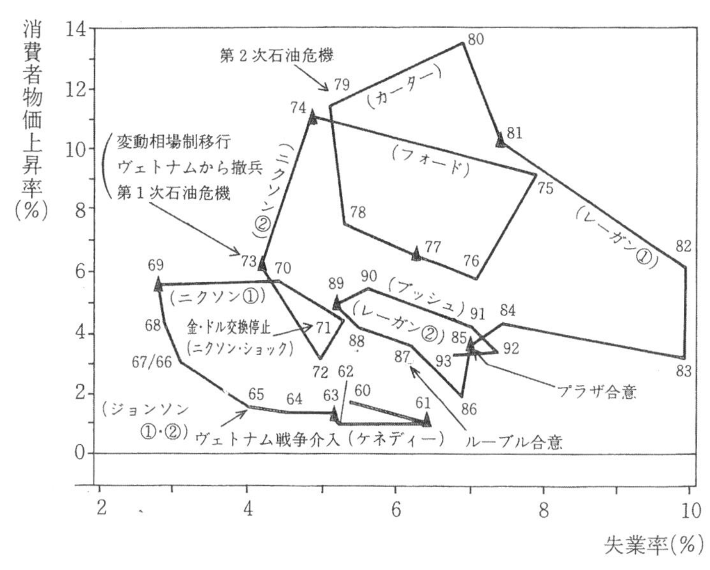

(資料：Economic Report of the President)

〈Fig.3〉

までの間は右下りながら上記2つの右下り曲線と比べると，やや傾斜が急である。

また，アメリカについてみると，1960年から69年までの期間は右下り(左上り)であるが，それ以後は1980年にいたるまでの間，2度のオイル・ショック時を含めて螺旋を描きながら右上りの曲線を形成している。

以上のように，日米両国とも，順調な成長期においては右下りの(左上りの)フィリップス曲線を形成しているが，オイル・ショック時のような生産要素価格(エネルギー価格，貨幣賃金率等)の上昇時にはフィリップスの示した右下りの曲線とは異なる右上りのフィリップス曲線が現われている。

そもそも物価が下落した場合に失業率が増大して雇用量が減少するのは，(イ)労働の限界生産力が不変であれば，実質賃金が上昇するからであり，(ロ)または，たとえ実質賃金が低下した場合でも，それ以上の労働の限界生産力の低下が生ずるからである。そして，それ以外の場合には，右上りのフイリップス曲線が得られるはずである。

そこで，次節以降においては，そのような状態が起こるメカニズムを説明する2つのモデルを提示して，その説明を試みることになる。

§2. ケインズ･モデルにもとづいた フィリップス曲線

2･1　短期と長期の定義

通常のケインズ･モデル(ケインジアン･モデル)においては，資本ストックの存在量$\overline{K}$が一定である期間を「短期」として期間定義をし，その期間に行なわれた投資が資本ストックへの追加として実現し，$\overline{K}$が増加する上記「短期」以上の期間を「長期」とする。したがって，ケインズ･モデルにおいては，「長期」には，Fig.4に示されたごとく，「移動均衡」が想定されている。

すなわち，一定の短い物理的期間においては，$\overline{K}$は一定であり，この期間が「短期」とみなされ，それが終わった時点で，突然$\overline{K}$が不連続的に増大し，新しい〝$\overline{K}$一定の期間〟を形成するのである(新しい「短期」の形成)。そして，このようなことが複数回起こる物理的時間の長さが「長期」である。

ところで，後に示すように，$\overline{K}$のような段階的増大により，労働需要は段階的に増大(シフト)するが，他方，労働供給の方も人口成長によりシフトするので，労働の需要曲線と供給曲線との相対的位置関係は不変に留まると考えることができる。したがって，$\overline{K}$一定を前提とした場合と失業率((労働供給 − 労働需要)／労働供給)は変わらないと考えてよい。そこで，ここでは，上記の定義とは異なり貨幣賃金率wの調整の行なわれる過程のみを「長期」とみなし，貨幣賃金率が不変に留まる期間を「短期」とみなすこととする。(しかしながら，実際には，「長期」はそれと$\overline{K}$の段階的増大との複合作用が生ずる過程である。)

そこで，以下で提示するモデルにおいては次のことが大前提となっている。

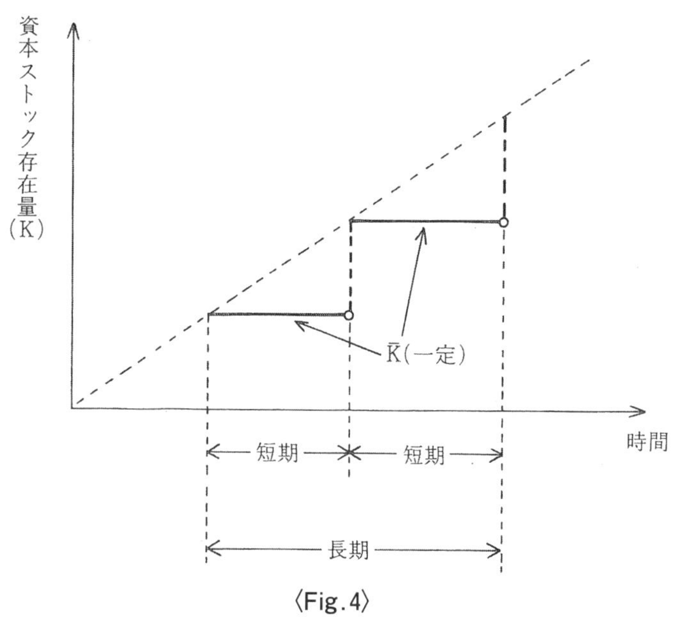

〈Fig. 4〉

$$\begin{cases} \overline{K}\text{(資本ストック)}=\text{const.} \\ \quad\text{(同時に, } a_0\text{:労働人口を含むパラメター:const.):「大前提」} \\ \overline{w}\text{(貨幣賃金率)}=\text{const.:「短期」} \\ \overline{w}\text{(貨幣賃金率)の調整過程:「長期」} \end{cases}$$

2·2 モデルの提示

ケインジアン·モデルは次のような構造をしている。ただし，ここでは，財政と海外取引きを捨象している。

$$\begin{cases} \left.\begin{aligned} & y=C(y)+I(i)\text{ : }IS\text{ 曲線} \\ & \frac{\overline{M}}{p}=L(i, y)\text{ : }LM\text{ 曲線} \end{aligned}\right\} \Rightarrow \begin{aligned} & \text{総需要曲線 } D-D \\ & \underline{\text{(制約条件)}} \end{aligned} \\ y=F(N, \overline{K})\text{ : 生産関数} \end{cases}$$

$$\left\{\frac{\overline{w}}{p}=(1-\eta)\cdot F_N(N,\overline{K})\right.$$ ：「労働需要」関数（制約条件下での利潤極大化） ⇒ 総供給曲線 $S\quad S$（供給計画曲線）

ただし，**内生変数**(のモデルで決ってくる変数)は，y：実質 GNP，i：利子率，p：物価水準，N：労働雇用量；η：総需要曲線の価格弾力性の逆数$\left(\equiv-\dfrac{y}{D}\cdot\dfrac{\partial D}{\partial y}\right)$であり(総需要関数を $p=D(y;\overline{M})$ とする)，

外生変数(モデルの外から与えられる変数)，$\overline{M}$貨幣供給量，$\overline{K}$：資本ストック存在量，$\overline{w}$：貨幣賃金率(名目賃金率)；及び，上記諸関数(消費関数 $C(y)$，投資関数 $I(i)$，貨幣需要関数 $L(i,\ y)$，生産関数 $F(N,\ \overline{K})$の具体的な形を決める諸定数である。

また，労働需要関数の右辺の $F_N(N,\ \overline{K})$は，$\overline{K}$を一定にしたままで，Nを$\varDelta N$だけ変化させたときの，その変化に対する生産関数の値の変化$\varDelta F(N,\ \overline{K})$の比率$\varDelta F/\varDelta N$(労働の限界生産力)を意味する。これは，労働雇用量 Nが大きくなるほど低下する。また，外生変数$\overline{K}$が大きい場合ほど，この値は，すべての Nについて大きい値になっている。

上記モデルのうちの上半分(IS と LM の組合せ)で与えられる総需要曲線は，生産者が供給計画(y と p のセット)を調整過程を経た後に，最終的に決める際に生産者が想定する〝制約条件〞を与える曲線である。即ち，生産者が生産計画(供給計画)を決定するに際して，①事前にわかっている需要計画表(消費計画表 $C(y)$＋投資計画表 $I(i)$)に合わせて供給量 y を決定する，②貨幣市場は均衡している，の２つの原則及び命題を前提にして，(期待)利潤が最大になるように最終的な供給計画($y,\ p$)を決めると考えるのである。ここで，前者①の原則を表現したものが IS であり(詳しく書くと，実質 GNP の供給量：y，需要量：y_dとしたときに，$y=y_d$かつ，$y_d\equiv C(y)+I(i)$になるように供給量 y を決める，というのが①の原則の意味である)，後者②の命題を表現したものが LM である。そして，両式から，利子率 i(証券の期待収益率)を媒介にして得られた制約条件式が，通称，総需要曲線と呼ばれているものである。

ところで，実は，この需要計画表及び貨幣需要関数の正確な形，従って $D-D$ の形は，調整過程が完了した最終時点でなければ分らない。しかし，上記モデルの表示は，最終時点(均衡状態)を表わしたものであり，従ってこの解を求めるには，上記①，②のように，これらが事前にわかっている如くに想定する必要があるのである。

この総需要曲線(制約条件)においては，貨幣供給量 $\overline{M}$ を所与とするので，総需要(実質 GNP) y の計画量は物価水準が下ると増大する。これは。物価水準が下ると実質貨幣供給量 $\overline{M}/p$ が増加して利子率を低下させるために，投資計画量が増加して GNP 生産計画量が増加するからである(すなわち，利子率 i を媒介にして貨幣供給量 $\overline{M}$ と GNP がつながっていると考える)。そしてまた，所与の貨幣供給量 $\overline{M}$ の値が金融政策によって増大させられると，やはり，実質貨幣供給量の増大を招き(物価水準 p をとりあえず不変とする)，これと同じ理由で GNP 計画量が増大するので，同じ物価水準 p に対しより大きな y が対応する。したがって，この場合，総需要曲線(制約条件) $D-D$ は，右方にシフトする。したがって，この $D-D$ は，$p=D(\overset{(-)}{y};\overset{(+)}{\overline{M}})$ の形に表わされる。

これに対し，上記モデルの下半分からは，供給計画 (y, p) の上記制約条件 $D-D$ が外生変数 $\overline{M}$ が変化したことによってシフトした場合の軌跡が得られる。即ち，〝制約条件 $D-D$ の下で(期待)利潤極大化を図る〟ように，労働の雇用計画 (N, p) を決定したものが一番下に記した「労働需要」関数の形で与えられている。そして，この N を媒介にして，この式と生産関数とから供給計画 (y, p) が与えられる。したがって，潜在的に存在すると思われる労働供給計画曲線は雇用量の決定に関与しない。故に，通常は，プラスの失業が残ったまま労働市場，従って経済全体は均衡する(不完全雇用均衡という)。そしてさらに，外生変数 $\overline{M}$ が増大させられたときに，制約条件 $D-D$ は右方に(あるいは上方にといっても同じ)シフトするので，供給計画点 (y, p) は右上方にシフトし，一本の軌跡を表わす曲線〈$S-S$〉を形成する。これを表わしたのが〈Fig.5〉と〈Fig.6〉である。

即ち〈Fig.5〉には，先ず右下りの労働限界生産力 $F_N(N, \overline{K})$ のグラフが

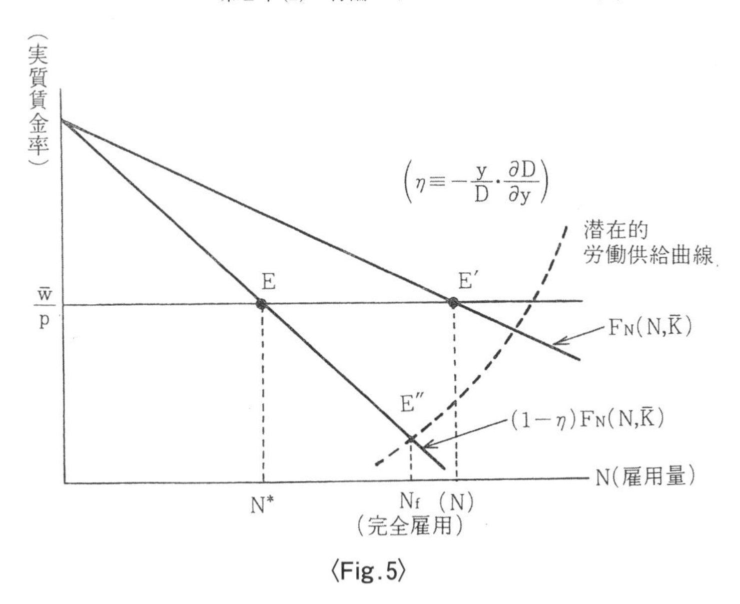

〈Fig.5〉

右側に描かれている。これは，生産物 y の供給計画と需要計画とが独立に形成される仮想的な場合の，労働の需要曲線である。これに対して，生産物の供給計画$(y,\ p)$が，生産物の需要計画に依存して形成されるケインズの場合には，労働の需要曲線は$(1-\eta)F_N(N,\ \overline{K}$となって，上記曲線より左下に位置したものになる(これを「労働の需要」曲線と表わす)。そして，実質賃金率$\overline{w}/p$が図の水準にあると，この高さの水平線と「労働の需要」曲線との交点 E で労働雇用量が決まる(図の N^*)。これは生産物の供給計画と需要計画とが独立に形成されると仮想した場合の雇用量(図中の E' で与えられる (N))より小さい雇用量である。「労働の需要」曲線がこのようになるのは，生産物 y の供給計画作成の際の制約条件 $D-D$ が，〝生産物の価格 p を上げるなら供給量を減らせ″ということを意味しているから，生産物 y の価格 p が上がって実質賃金率$\overline{w}/p$が低下するほど，労働の必要量が制約条件がない場合より大きく減少するからである。

このような「労働の重要」曲線$(1-\eta)F_N(N,\ \overline{K})$の下では，仮に生産物価

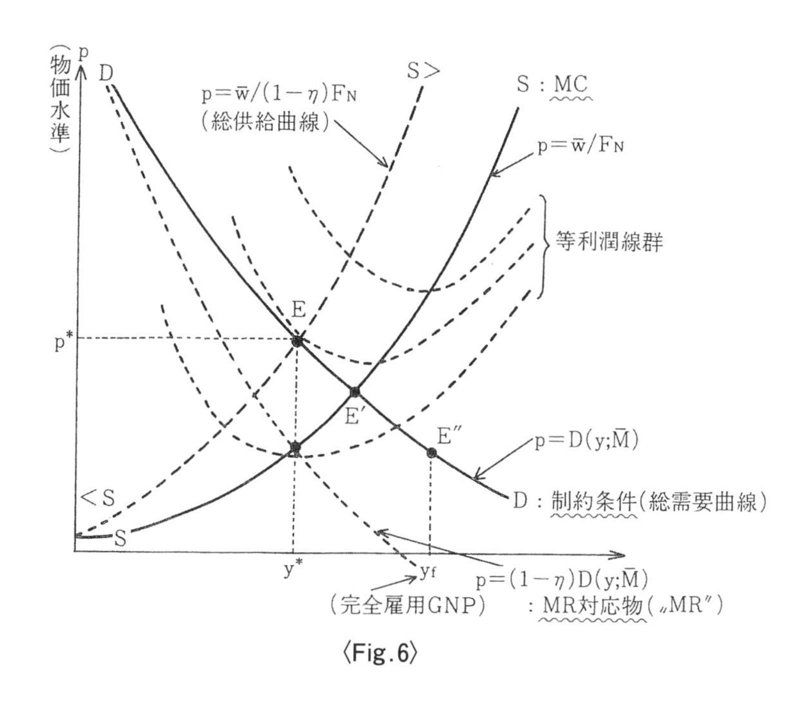

〈Fig.6〉

格 p が上がったとすると，実質賃金率 $\overline{w}/p$ が低下して図中の水平線が下方にシフトするから，労働の雇用計画量は増大し，従って，生産関数から生産物 y の供給量は増大する。即ち，物価水準 p が上昇すれば，貨幣賃金 $\overline{w}$（外生変数）を物価水準で割った実質賃金率が下落するので，企業にとっては雇用量を増大し，生産量 y を増加させることが利潤を（制約条件下での最大利潤を）増大させるからである。従って，制約条件 $D-D$ 下での供給計画 (y, p) の軌跡（これを通称の場合と違った意味で，総供給曲線と呼ぶ）〈$S-S$〉は，〈Fig.6〉のように右上りの鎖線（「労働需要」関数を書き直して，$p=\overline{w}(1-\eta)F_N$ の形をしている）になる。これは，仮に制約条件がないとした場合（この場合 $D-D$ は〝水平″になる：$\eta=0$ であるから，$p=\overline{w}/F_N$ の形になる）の〝総供給曲線″$S-S$ よりも，左上方に位置する。〈Fig.6〉で，点線で描かれた下方に凸の曲線は等利潤線（正確には，期待等利潤線）で，これは最低点が$S-S$線上につねにあり，利潤(期待利潤，以下単に利潤という)の値を変えればそれに応じて平行移動して何本でも描け，かつ，上方に位置するものほど高い利潤に対応している。制約条件$D-D$が与えられたときに，その$D-D$上で最も利潤が高い点は，$D-D$に等利潤線の一本が接した点である。この点Eが均衡点となる(点E'が均衡点でないことに注意せよ！)この均衡点Eは一般には完全雇用点以下に位置する。そして，外生変数$\overline{M}$の大きさを色々変えることによって生じる制約条件$D-D$のシフトで接点が移動したときのこの接点の軌跡が〈$S-S$〉(総供給曲線または，供給計画曲線)である。そして，〈$S-S$〉が$S-S$より左上に位置する理由は，生産物yの供給計画作成に際しての制約条件$D-D$の内容が，$D-D$が右下りであることから，〝生産物価格pを上げるのなら，制約条件がない場合より供給量を減らせ〟ということであることである。この〈$S-S$〉と$S-S$との隔りが「労働の需要」関数の右辺の$F_N(N, \overline{K})$に掛けられた係数$(1-\eta)$によって表わされている。

また，外生的に与えられている貨幣賃金率$\overline{w}$がなんらかの理由で上昇すると，初期に与えられたある生産量y，したがって与えられた雇用量N以上では，限界的な労働雇用量の生み出す実質生産量(労働の限界生産力$F_N(N, \overline{K})$に係数$(1-\eta)$を掛けたもの)よりも，その労働に支払う実質の賃金費用の方が大きくなるので，労働の限界生産力に係数$(1-\eta)$を掛けた値に実質賃金率が等しくなるところまで生産量y，従って雇用量Nを減少させることになる。従って，外生変数$\overline{w}$が外生的要因によって上昇した場合には，同じ物価水準pに対してより低い生産量yが対応し，総供給曲線〈$S-S$〉は左方にシフトするのである。

2･3　均衡点への調整過程

ところで，供給者(生産者)は，初めからFig.6のE点で表わされる最適な供給計画(y^*, p^*)を知り得るわけではなく，任意の供給計画，例えばFig.8のP_0から出発して調整を繰り返し乍ら$E(y^*, p^*)$に到達する。その調整過程は次のようなものと考えられる。それは，次のような2段階の調整過程として説明される。

(i) 総需要曲線 $D-D$ 上への数量調整

初期点 $P_0(y_0,\ i_0,\ p_0)$ が与えられると，物価 p_0 のままで，まずいわゆる〝乗数過程〟が発生する。即ち数量調整である。その結果，$y_0 \to y_1$ となって IS 上の点 $(y_1,\ i_0,\ p_0)$ に達する。これを Fig.7 で表わすと，例えば $P_0(y_0,\ i_0)|p_0$ から出発して，p_0 はそのままで，かつ，利子率 i_0 不変のまま(従って，$I(i_0)$ 不変)で y だけが増大し(従って貯蓄 $S(y)$ が増加し)，IS 上の点 $(y_1,\ i_0)|p_0$ に達して $S(y_1)=I(i_0)|p_0$ となる(ここへの到達は，在庫水準が適正値になったことで確認する)。

次には，p_0 と y_1 はそのままで利子率の調整が起こる。即ち Fig.7 の点 $(y_1,\ i_0)|p_0$ から，利子率 i が低下して(従って $\overline{M}/p_0$ 不変のままで $L(y_1,\ i)$ が上昇)，その結果 LM 上の点 $(y_1,\ i_1)|p_0$ に達して $\dfrac{\overline{M}}{p_0}=L(y_1,\ i_1)$ となる。

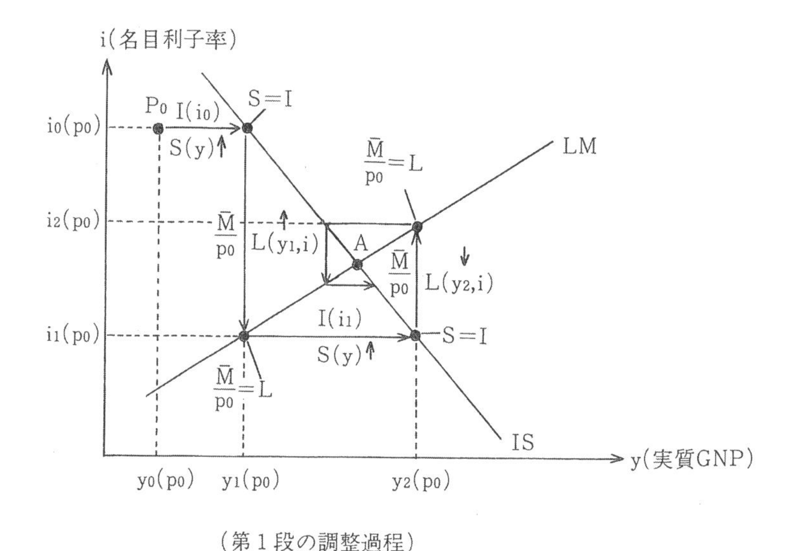

(第1段の調整過程)

〈Fig.7〉

そこでまた，p_0とi_1不変のまま(従って，$I(i_1)$不変のまま)で乗数過程が起こって$y_1 \to y_2$となって(貯蓄$S(y)$が増加し)，再びIS上に乗り，$S(y_2)=I(i_1)$となる……。

以上の調整の繰り返しがp_0不変のまま行われて，われわれが定義した「短期」の間に経済の状態を表わす点は，ISとLMの交点Aの近傍に達する(実質的にはA点に一致する)。このA点がFig.8の総需要曲線$D-D$上の点A_0に対応する。即ち，同図の$P_0(y_0,\ p_0)$が初期点だとすると，$P_0 \to A_0$の〝水平方向の〟調整が第一段階の調整を表わしており，その過程には，上述のとおり乗数過程と利子率調整とが含まれている。

(以上の推論では，$IS-LM$モデルの〝均衡点〟Aが，p_0不変の下では安定であることが前提になっている。そのためには，例えば，あらゆるiの値に対して，貨幣需要の利子弾力性よりも投資の利子弾力性が小さければよい。)

なおケインズに沿った考え方では，以上の説明で明らかなように，ISによってyが調整され，LMによってiが調整されると考えるから，〝投資に貯蓄が等しくなる〟ように調整され，従って〝需要に供給が合わされる〟のが第一段階の調整であると考えられる。

(ⅱ)　総需要曲線$D-D$上の任意の点から均衡点への調整

任意の初期点(Fig.8のP_0やP_0')から総需要曲線$D-D$上への調整は，y方向の調整であり，これは上で述べたとおり安定であるから，均衡点Eはyに関して安定であることが分っている。従って，$D-D$上の他の点，例えばA_0点(初期点P_0の場合)やB_0点(初期点P_0'の場合)から均衡点E点に近づくためには，物価pは，E点より左上(A_0点)では下げる方向に，又，右下(B_0点)では上げる方向に調整されねばならない。これが第2段階の調整である。即ち，左上(A_0点)からは，yの上昇とpの低下が，又，右下(B_0点)からは，yの減少とpの上昇が安定な調整であることが証明されねばならない。そのために(即ちA_0よりA_1が，A_1よりA_2が……より高い利潤を与える点であることを知るために)次の如き思考実験を行なう(但し供給者は**2・5**の(a)の(0)式にもとづいて等利潤線の点A_0，A_1，…の近傍での形状を知っている

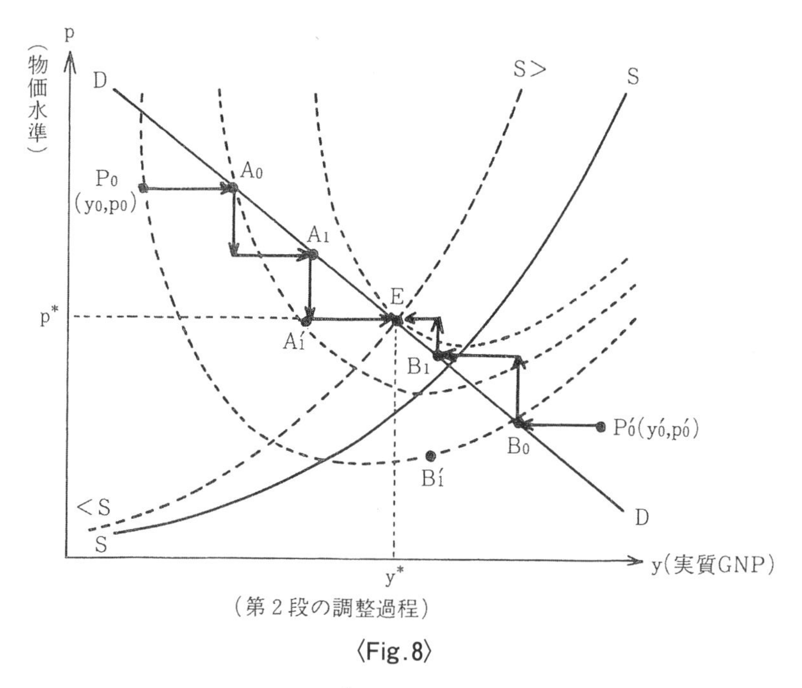

(第2段の調整過程)

〈Fig.8〉

ことを前提とする。**2・5** の(c)の İ)参照)。

まず，Fig.8 の上の任意の点 P で得られる利潤を $\pi(P)$ で表わすとすると，同図で，A_0点から出発する場合，

$$\left.\begin{aligned}\pi(A_0)=\pi(A_1')\\ \pi(A_1')<\pi(A_1)\end{aligned}\right)\Rightarrow\pi(A_0)<\pi(A_1)$$

という思考実験の結果を得るから，$A_0 \rightarrow A_1$の調整が起こることがより有利であることが判る。何故なら後の 5) の(a)に書かれている利潤式(0)式から(**2・5** の(c)の(Ï)参照のこと)，数量 y が同じなら価格 p が高い方が利潤 π が大きいことが分かるからである。そのためには，実際に，同図の矢印の示すように，価格 p を下げ，数量 y を増加させる。図のように，これが繰り返されて E 点に到達する($A_0 \rightarrow A_1 \rightarrow \cdots\cdots \rightarrow$ E)。

同様にして，出発点が B_0の場合(初期点 P_0')，思考実験の結果，

$$\left.\begin{array}{l}\pi(B_0)=\pi(B_1')\\ \pi(B_1')<\pi(B_1)\end{array}\right\}\Rightarrow\pi(B_0)<\pi(B_1)$$

となるので，**実際に**，$B_0' \rightarrow B_1$の調整が起こり，図の矢印のように，価格pを引上げ，数量yを減少させる。そして，これが繰り返されて，E点に到達するのである($B_0 \rightarrow B_1 \rightarrow \cdots\cdots \rightarrow$ E)。

以上の調整のプロセスをもう少し詳細に見ると次のようになる。$D-D$上の任意の点から，同線上を移動するためには，先ず価格pを動かして超過需要か超過供給の何れかを生ぜしめて乗数過程(在庫調整)を生起させる他はない。もし仮に先ずyを動かすとすると，逆の乗数過程を起こして，同線上の元の点に戻ってしまう。そこで，A_0点からは；

$$\begin{array}{llllllllll}
(A_0\text{点}) & & & & (A_1\text{点}) & & & & & \\
p^{\downarrow} \rightarrow & i^{\downarrow} \rightarrow & I^{\uparrow} \rightarrow & & y^{\uparrow} & & & & & \\
 & & & & (S^{\uparrow}) & & & & & \\
 & & & & \downarrow & & & (A_2\text{点}) & & \\
 & & & & p^{\downarrow} \rightarrow & i^{\downarrow} \rightarrow & I^{\uparrow} \rightarrow & y^{\uparrow} & & \\
 & & & & & & & (S^{\uparrow}) & & \\
 & & & & & & & \downarrow & & \\
 & & & & & & & p^{\downarrow} \rightarrow & \cdots\cdots \rightarrow & (E\text{ 点})
\end{array}$$

即ち，A_0からA_1に移るためには，yの増加の乗数過程(p一定で)が必要となるが，それが起こるためには財市場に超過需要が発生せねばならない。そのためには，価格pを下げて貨幣市場に超過供給を生ぜしめることにより利子率iを下げて投資需要$I(i)$を増大させる必要がある。そのためにA_0点で先ずpを低下させるのである。A_1に達すると，更にA_2点に移る必要が生じ，上のプロセスが繰り返されてE点に到達すると止む。

次B_0点からは；

$$\begin{array}{llllllll}
(B_0\text{点}) & & & & (B_0\text{点}) & & & \\
p^{\uparrow} \rightarrow & i^{\uparrow} \rightarrow & I^{\downarrow} \rightarrow & & y^{\downarrow} & & & \\
 & & & & (S^{\downarrow}) & & & \\
 & & & & \downarrow & & & (B_2\text{点}) \\
 & & & & p^{\uparrow} \rightarrow & i^{\uparrow} \rightarrow & I^{\downarrow} \rightarrow & y^{\downarrow} \\
 & & & & & & & (S^{\downarrow})
\end{array}$$

$\downarrow$
$p^{\downarrow} \rightarrow \cdots\cdots \rightarrow$ (E 点)

即ち，B_0からB_1に移るためには，上とは逆にyの減少の乗数過程が必要となり，そのために財市場に超過供給を生ぜしめる必要があり，上とは逆のpの上昇が要請される。そしてB_1に到達すると，更に同じプロセスの繰り返しが行われて，Eに到達して止む。

従って，総需要曲線上の任意の点から均衡点Eへの調整が安定であることが確認されたと同時に，この調整過程が，ケインズの考え方と斉合的であること，即ち，投資(需要)が貯蓄(供給)を先導することが確かめられた。

(なお，E点の安定性は，Eより左側では〝MR〟がMCを上回ること，及びEより右側ではMCが〝MR〟を上回ることからも保証される，；**2・5**の(a)における(3)式参照)

なお，以上の議論で任意に設定した初期点P_0の決定の原理(マクロの生産者の主体均衡の理論)が残るが，これについては，とりあえず，以下の《注》③で触れるにとどめたい。

《注》

① $P_0 \rightarrow A_0 \rightarrow \cdots\cdots E$ の調整過程は，頭初に仮定した如き，$\overline{K}$＝const. $\overline{w}$＝const. の「短期」の間に完了するものと仮定され，その間には$\overline{M}$も parameter とされて不変とされ，比較静学的にのみ変化する。従って，制約条件$D-D$は，比較静学が行なわれない限りその間はシフトしないと考える。そして比較静学は調整過程ではなく，E点についてのみ行われる。

①′ 調整過程で$\overline{M}$が変動するのが現実であるとすれば，Mを外生変数としたこと自体が誤りであることになる。$\overline{M}$を外生変数とする限り，調整過程では$\overline{M}$は不変となる。ここは問題個所であるが，ここでは当面立入らないこととする(藤野正三郎『日本のマネーサプライ』(勁草書房)，1994年，第12章参照)。

② 利潤極大化を基準として供給計画をたてる際に，(イ) $y=y_d=C(y)+I(i)$，(ロ) $\overline{M}/p=L(i,\ y)$，の2条件を併せた$y=C(y)+I(L^{-1}(\overline{M}/p,\ y))$を制約条件として，利潤$\pi=p\cdot y-wf^{-1}(y\ ;\ \overline{K})$を最大にするという行動をとる。従って，$y_d$と

yとの関係は消去される。その問題(条件つき最大化)の解として得られたものが〈$S-S$〉曲線であり，

$$\begin{cases}\langle S-S\rangle: p=\overline{w}/(1-\eta)F_N(F^{-1}(y):\overline{K})\\ \langle S-S\rangle: p=\overline{w}/F_N(F^{-1}(y):\overline{K})\end{cases}$$

：$\overline{w}$一定

これは，parameters：　：$\overline{K}$一定の「短期」である限り不動である。

（：$\overline{M}$一定）

③「Fig.7及びFig.8での調整過程の説明に於て，初期点P_0が如何にして決まったのか明らかでない。初期点P_0の決定の際には，〝想定された需要曲線〟が前提になるのではないか」という主旨のコメントを藤野先生から頂いた。これに対する私の考えは，次のとおりである。本稿でのケインジアン理論の説明では，$\overline{K}$と$\overline{w}$がパラメターとして一定である期間を1つの「短期」として定義し，この期間では，もう1つのパラメター$\overline{M}$が不変である限り，$D-D$曲線も〈$S-S$〉曲線も不動であるから均衡点Eも不動である。しかし，前記・前者の2つのパラメターが(比較静学的に)変化して，次の「短期」に入るか，又は，後者のパラメター$\overline{M}$が期間内に比較静学的に変化した場合には，両曲線がシフトするから，前期の均衡点，又は$\overline{M}$の変化前の均衡点が均衡点Eではもはやなく，これらが新しいパラメターのセットの下での初期点P_0となるのである。そして，その点から新しいパラメター・セット下での新しい均衡点へと調整が行なわれるのである。このように，1期前(又はパラメター変化前)の均衡点が当該期(「短期」)の初期点P_0であるとすると，次々に過去に遡ることによって生産者の創業期に到達する。その期での最初のP_0の決定は，やはり，藤野先生のいわれるように，〝想定された需要曲線〟に依存せざるをえなかったものと考えられるのである。即ち，われわれの解釈によるケインジアン・モデルは諸パラメターのベクトル(組合せ)の絶対値(その主たる要素は「物理的時間」に対して不可逆的な$\overline{K}$)を「時間」の代理変数とした移動均衡モデルの形式で表わされた一種の動学モデルであって，その初期値が，生産者の主体均衡によって決まり，その主体均衡を与える理論に〝想定需要曲線〟がふくまれるのである。従って，動学理論に必要とされる，初期点P_0の「任意性」は，その創業時点での需要曲線の「想定の任意性」に依存していることになる。以上のように考える理由は，主体均衡の変更は，必ずパラメター変化を伴う(原因とする)ことである。

2·4　通常の教科書にあるモデルとその難点，及び，われわれのモデルと Fujino モデルとの〝共通性〟

通常の教科書には，W. L. Smith の文献(引用文献 2)に従って，次のようなモデルが提示されている(新古典派総会として，サムエルソンの所作として)。

$$\begin{cases} \left.\begin{array}{l} y=C(y)+I(i):IS \\ \dfrac{\overline{M}}{p}=L(i,\, y):LM \end{array}\right\} \text{総需要曲線 } D-D \\ y=F(N,\, \overline{K}):\text{生産関数} \\ \left.\dfrac{\overline{w}}{p}=F_N(N,\, \overline{K}):\begin{array}{l}\text{「労働需要」関数} \\ \text{(制約条件なしでの利潤極大化)}\end{array}\right\} \Rightarrow \text{総需要曲線 } S-S \end{cases}$$

このモデルでは，総需要曲線 $D-D$ と，総供給曲線 $S-S$ とが，互いに独立に形成されているとの想定に立って導かれている。そのために，$S-S$ を構成する労働の需要関数が，制約条件がない場合の利潤の極大化の結果として導かれている。従って，この式の右辺は労働の限界生産力そのものになっており，それが実質賃金率に等しいという形をとっている。(〈Fig.6〉では $S-S$ がこの場合の総供給曲線に当り，これと総需要曲線 $D-D$ との交点 E' が均衡点ということになる。)

両者が独立という上のような想定が正しい場合には，総需要曲線 $D-D$ と，総供給曲線 $S-S$ とは，それぞれ GNP 財 y の需要曲線及び供給曲線となり得，それらの間の数量のギャップを GNP の価格 p が調整すると考えてもよいかも知れない(ワルラス的調整)。しかし乍ら，これには次のような 3 つの難点が存在する。

1 つは，総需要曲線 $D-D$ の一半を形成する IS 式が，右辺の需要関数が与える需要計画量に等しいだけ，供給量 y を生産するという〝供給原則〟を与えるものであることである。

さらにもう 1 つは，同じく $D-D$ 線の残りの一半を形成する LM 式が

〝貨幣市場の均衡″を表わす方程式であるということである。

即ち，総需要曲線 $D-D$ は，供給条件の1つと，貨幣市場の均衡条件とから構成されており，GNP 財 y の需要計画表とはいいがたい。

さらにまた，総供給曲線 $S-S$ が数量 y を決め，総需要曲線 $D-D$ が価格を決めると考えると，いわゆる〝クモの巣型″の調整過程が生ずるが，それは，$p_0 \to y_1 \to S(y_1) \to p_1 \to i_1 \to I(i_1) \to y_2 \to \cdots \to$(均衡点)という順序をとり，貯蓄 $S(y)$ が投資 $I(i)$ を決めるという，ケインズの主旨とは反する説明とならざるをえない(藤野教授)。

そこで，前節でわれわれが行なったように，上記2つの条件を $S-S$(総供給曲線)を導出したときの原則である〝利潤極大化″とセットにして，供給条件に加えることとすること，即ち，前者2条件を〝制約条件″として〝利潤極大化″を供給者が行うように，生産物(GNP 財)の数量 y とその価格 p とを同時に決める，と考えればよいことになる。そして，これら2つの制約条件は利子率 i を媒介にして，p と y の間の1本の制約式($D-D$ 曲線を形成)として表現される(そして，これをシフトさせる〝あきらかまさな″パラメターが $\overline{M}$ である)。

以上の考え方は，Fujino(文献6)の考え方と本質的には同じである。同氏は〝総需要関数 ― 総供給関数″のモデルを〝需要制約下の生産計画の決定″と捉えるべきだとしておられ，供給者が生産計画表(総供給曲線)を作成するに当たっては，生産物 y に対する需要関数を〝予想する″ものとし，その〝予想需要関数″を導入しておられる。そして，これから限界収入曲線 MR を導く。

その上で，限界費用 MC をこれと等しいと置いて利潤極大化条件とし，これと〝予想需要関数″を組み合わせることによって，〝予想需要関数″がそのシフト･パラメターの変化によりシフトしたときの，生産計画点(y, p)の軌跡の方程式をみちびいておられ，かつ，これを総供給曲線としておられる。この方程式が実はわれわれの総供給曲線〈$S-S$〉の方程式と全く同じ形をしている(即ち，われわれが後の **2・5** で導く，(1)式と，Fujino(文献6)の(7.25)式とが形式上同じである)。同氏が〝予想需要関数″としたものが，わ

れわれの場合 $D-D$ 曲線，後に，($p=D(y\,;\overline{M})$と表わすもの，即ち総需要曲線)として扱われているものに対応している。同氏の場合，総需要曲線が仮に真の需要曲線であっても，生産者はそれを正確に知り得ないので，〝予想需要関数″を想定すると考えるのに対し，われわれの場合は，需要関数($C(y)+I(i)$)が最終意志決定の時点で生産者に一応知られているものと考えて，生産者はこれに合わせて供給量 y を決めることを(即ち初期に任意に与えられた p をパラメターとして乗数過程の結果を見ることを)供給計画決定の際の一条件にするとした点が，実質的な相違点である。

しかし乍ら，総供給曲線の形式上の一致から，両モデルは全体としても同形式となり，実際の応用上相違がないものと考えられ，その意味で，本質的にも同じと考えてよいであろう。(以上で引用した Fujino モデルは，本論文末の文献 6 の Chapter 7 のうちの 7.6，The Demand Restrieted Case in the Monetary Economy，pp. 153-155 に主として詳述されている。)

2·5　ケインジアン·モデルに対するわれわれの解釈の形式的表現

(a)　まず，IS と LM とから利子率 i を消去して得られた総需要曲線 $D-D$ を

$$p=D(y\,;\overline{M})$$

と表わす。次に，利潤を π とすると，これは次のようになる。

$$\begin{aligned}\pi&=p\cdot y-\overline{w}N\\&=p\cdot y-\overline{w}\cdot F^{-1}(y\,;\overline{K})\end{aligned}\qquad(0)$$

そこで，われわれの解釈に従ったモデルの表現は，次のようになる。即ち，

$$\begin{cases}\underset{p,\ y}{\text{Max.}}\quad \pi=p\cdot y-\overline{w}\cdot F^{-1}(y\,;\overline{K})\cdots\cdots\text{利潤極大化}\\ \text{Sub. to}\,;\quad p=D(y\,;\overline{M})\cdots\cdots\text{制約条件}\end{cases}$$

という問題に帰着する(但し，Max.：〝最大化せよ″；Sub. to：〝次の条件下で″，を意味する)。

これを解くために，ラグランジュ乗数λを導入して次のようなラグランジュ関数を作る。

$$H=p\cdot y-\overline{w}\cdot F^{-1}(y\,;\overline{K})-\lambda\{p-D(y\,;\overline{M})\}$$

最大化の1階の条件として，これを，y，p，λの各変数で偏微分したものをそれぞれゼロとおくと，

$$\begin{cases} p=\overline{w}\cdot\dfrac{\partial F^{-1}(y\,;\overline{K})}{\partial y}-y\cdot\dfrac{\partial D}{\partial y} \\ \quad=\overline{w}\cdot\dfrac{\partial F^{-1}(y\,;\overline{K})}{\partial y}-p\cdot\dfrac{y}{D}\cdot\dfrac{\partial D}{\partial y} & (1) \\ p=D(y\,;\overline{M}) & (2) \end{cases}$$

が得られる。

(1)式を変形すると，次のようになる。

$$\underset{(MR\text{対応物})}{p\left\{1-\left(-\frac{y}{D}\cdot\frac{\partial D}{\partial y}\right)\right\}}=\underset{(MC)}{\overline{w}\cdot\frac{\partial F^{-1}(y\,;\overline{K})}{\partial y}} \tag{3}$$

この式(3)の左辺は，総需要曲線(2)を生産者が想定する需要曲線に対応するものと見做すと，限界収入(MR)対応物であり，右辺は限界費用(MC)である。即ち(3)式は，価格理論で教える利潤最大化の条件式に形式上対応している。そして，この式の左辺(“MR”)は，yの増加と共に減少し，右辺(MC)は，yの増加とともに増大する。

また，上の(1)式が，Fujino(文献6)の(7.25)式と形式上同じ式である(既述)。

なお，(1)式のみを変形すると，

$$\frac{\overline{w}}{p}=\left\{1-\left(-\frac{y}{D}\;\frac{\partial D}{\partial y}\right)\right\}\Big/\frac{\partial F^{-1}(y\,;\overline{K})}{\partial y} \tag{1'}$$

$$=(1-\eta)\frac{\partial F}{\partial N} \tag{1''}$$

$$\left(\eta\equiv-\frac{y}{D}\cdot\frac{\partial D}{\partial y}>0\right)$$

となって，われわれの解釈によるケインジアン・モデルの最下段に書かれた式，即ち「労働需要」関数が得られた。これと，生産関数 $y=F(N;\overline{K})$ とからNを消去した(1″)の上の式表現(1′)が，われわれの総供給曲線〈$S-S$〉を与える。即ち(2)と(1′)との連立方程式の解が，均衡解(y^*，p^*)である。

(b) 総需要曲線 $p=D(\overset{(-)}{y};\overset{(+)}{\overline{M}})$ の導出

われわれのケインジアン・モデルの表現から，IS と LM の部分を取り出して改めて書くと，

$$\begin{cases} y=C(y)+I(i) & :IS \\ \dfrac{\overline{M}}{p}=L(y,\ i) & :LM \end{cases}$$

LM 式から，

$$p=\overline{M}/L(y,\ i):LM'$$

IS 式から，

$$i=I^{-1}(y-C(y)):IS'$$

が得られるから，IS' を LM' に代入することによって次式が得られる。

$$p=\overline{M}/L(y,\ I^{-1}(y-C(y))) \tag{4}$$
$$\equiv D(y;\overline{M}) \tag{5}$$

(4)式の右辺を(5)のように置いたものが，(2)式，即ち，総需要曲線 $D-D$ の式である。

(4)を y について微分すると，

$$\frac{\partial p}{\partial y}=\overline{M}\left\{-\frac{1}{[L(y,\ I^{-1}(y-C(y)))]^2}\cdot\left[\frac{\partial L}{\partial y}+\frac{\partial L}{\partial i}\ \frac{di}{dy}\right]\right\} \tag{6}$$

次に，IS' を微分することによって次式が得られる。

$$di=\{dI^{-1}/d(y-C(y))\}(1-C'(y)dy$$

これを(6)式に代入すると，

$$\frac{\partial p}{\partial y}=-\frac{\overline{M}}{(L(\quad))^2}\left\{\underset{(+)}{\frac{\partial L}{\partial y}}+\underset{(-)}{\frac{\partial L}{\partial i}}\underset{(-)}{(dI^{-1}/d(y)}-C(y)))\cdot\underset{(+)}{(1-C'(y))}\right\}<0$$

となる。また，(4)から明らかに，

$$\frac{\partial p}{\partial M}>0$$

である。以上から $D-D$ 曲線は，(2)のように(即ち，(5)のように)，

$$p=D(\underset{(-)}{y}\ ;\ \underset{(+)}{\overline{M}})$$

と表わせられる。

(c)　等利潤線

(ⅰ)利潤を与える式(0)に利潤値の一定値$\overline{\pi}$を代入して，全微分すると，

$$\frac{dp}{dy}=\frac{p}{y}\cdot\frac{\partial F^{-1}}{\partial y}\left(\frac{\overline{w}}{p}-\frac{\partial y}{\partial F^{-1}}\right)$$

が得られる。これより，

$$
\begin{cases}
\dfrac{\partial y}{\partial N} < \dfrac{\overline{w}}{p} \quad \Leftrightarrow \quad \dfrac{dp}{dy} > 0 \\
\dfrac{\partial y}{\partial N} < \dfrac{\overline{w}}{p} \quad \Leftrightarrow \quad \dfrac{dp}{dy} = 0 \\
\dfrac{\partial y}{\partial N} < \dfrac{\overline{w}}{p} \quad \Leftrightarrow \quad \dfrac{dp}{dy} < 0
\end{cases}
$$

であるから，等利潤線は$S-S$線上に頂点(最低点)を持ち，その左側では右下り，右側では右上りの滑らかな下方上凸な曲線であることがわかる。

($F(N;K)$が微分可能な滑らかな関数なら$\left(\dfrac{\partial F^{-1}}{\partial y}\right)^{-1} = \dfrac{\partial y}{\partial N}$である)

(ⅱ)上述の利潤の定義式に一定の利潤値$\overline{\pi}$を代入し，それを$\overline{\pi}$とpについて偏微分すると，

$$\partial\overline{\pi} = y \cdot \partial p$$

が得られるから，

$$\frac{\partial p}{\partial \pi} = \frac{1}{y} > 0$$

となり，等利潤線は利潤値が高いものほど，上に位置することがわかる。(即ちyが同じならpが高いほど利潤が高い。)

(ⅰ′)前々項の最初の式を再度微分すると次のようになる。

$$\frac{d^2 p}{dy^2} = \frac{1}{y^2}\left\{y\left(\frac{\overline{w}}{p} \cdot \frac{\partial^2 F^{-1}}{\partial y^2} - \frac{dp}{dy}\right) + p\left(1 - \frac{\overline{w}}{p} \cdot \frac{\partial F^{-1}}{\partial y}\right)\right\}$$

そこで，(ⅰ)の結果を参照すると，

(イ)　$1-\frac{\bar{w}}{p}\cdot\frac{\partial F^{-1}}{\partial y}=0$のとき，$\frac{dp}{dy}=0$である(最低点)。他方，生産関数に関する自然な仮定として，$\frac{\partial^2 F^{-1}}{\partial y^2}>0\left(i.\ e.\ \frac{\partial^2 F}{\partial N^2}<0\right)$が成立するから，

$$\frac{d^2p}{dy^2}=\frac{1}{y^2}\cdot y\cdot\frac{\bar{w}}{p}\cdot\frac{\partial^2 F^{-1}}{\partial y^2}>0$$

となることが確認される(極小点の確認)。

(ロ)　$1-\frac{\bar{w}}{p}\cdot\frac{\partial F^{-1}}{\partial y}>0$ のとき，$\frac{dp}{dy}<0$(減少関数)である。これと仮定$\frac{\partial^2 F^{-1}}{\partial y^2}>0$とから，上式の右辺は，プラス値をとることがわかる。

$$i.\ e.\ \frac{d^2p}{dy^2}>0$$

(ハ)　$1-\frac{\bar{w}}{p}\cdot\frac{\partial F^{-1}}{\partial y}<0$ のとき，$\frac{dp}{dy}>0$(増加関数)である。他方，$\frac{\partial^2 F^{-1}}{\partial y^2}>0$であるから，上式の右辺は，符号が一義的に決まらない。しかし，そのことは問題ではない。何故ならば，最適点Eは$S-S$曲線より左側に存在するはずであること，及び，等利潤線が$S-S$曲線の右辺で増加関数(右上り)であり，他方$D-D$曲線は減少関数(右下り)であることが保証されているからである。

(ⅲ)以上から，等利潤線の形状は，Fig.6及びFig.8のようになっているものと考えて差支えないことがわかった($S-S$の左側では$D-D$を上から切り，右側では下から切ること，及び$D-D$に上から接することの保証)。

2·6　貨幣賃金率の硬直性の理由

そこで，貨幣賃金率の外生性(硬直性)が仮定されたことについて説明しておかねばならない。貨幣賃金の硬直性を仮定すべき理由の代表的なものは次のようなものである。

(a)　過去の期間(もとのケインズモデルにおける「短期」)において，労働の需要と供給とが仮に一致していたとしても，資本ストック$\overline{K}$の増大により新しい期間(同上の「短期」)に移行する過程で，$\overline{K}$の増大による労働需要曲線の右方シフト(労働の限界生産力の増大)よりも，労働供給曲線の右方シフトの方が大きいと，過去の貨幣賃金のもとでは労働の超過供給が発生する。ところで，賃金交渉は，各企業ごとに分権的に行われるが，労働者は，自分達の貨幣賃金と他の企業の労働者の貨幣賃金との相対的関係を気にかけ，自分達の貨幣賃金が他企業の労働者のそれに比して相対的に低くなると「志気」を低下させる(したがって労働の限界生産性が低下する。そうなれば貨幣賃金をさらに低下させると採算が合うが，そうすると，労働の生産性の低下と貨幣賃金の低下のいたちごっこが生じ，生産規模が限りなく縮小してゆく)。そこで企業経営者は，超過供給に相当する部分の労働者を雇用し失業を解消するために，より低い貨幣賃金を提示して，その結果すでに雇用されている大多数の労働者の「志気」を低下させるようなことは避けようとする。その結果，貨幣賃金は元の水準のままに維持され，労働の超過供給(失業)が残ることになる。

他方，一般物価水準pの上昇による既雇用労働者に共通の実質賃金率の低下は，既雇用労働者の「志気」を低下させない。

(b)　また，失業が存在する状態で，貨幣賃金が上昇し続けている場合には，既に雇用されている労働者は，一度経験した貨幣賃金の上昇率の低下をも嫌う。そこで，企業は，上昇率を低下させて彼等の「志気」を低下させることを避けようとして，その結果，上昇率は維持されることになるともいわれる。

以上，a.，b.で述べられたごとき，企業が既に雇用されている労働者の「志気」の低下を恐れて，一度成立した貨幣賃金水準もしくはその上昇率を維持せざるを得ない程度は，労働者側と企業(経営者)側との「力関係」が決めるということもできる。すなわち，労働者側が「志気」を落とす程度と(すなわちそれにより労働の限界生産性を落し得る程度と)，企業側の，それに対応して貨幣賃金率を下げ得る程度との関係は両者の「力関係」と見られる。そこで以下では，貨幣賃金率は労働者側と企業側との「力関係」によって決まるとして議論を進めることにする。

なお，本節2・2の冒頭に表示したモデルをみると，労働の需要関数はあるが，労働の供給関数は表示されていない。これは，ケインズ(ケインジアン)の理論は，上記のごとき貨幣賃金率の硬直性を仮定することによって，これとモデル全体で決定される物価水準とから構成される実質賃金率($\overline{w}/p$)のもとで，労働の超過供給が存在したまま均衡する(失業を残したまま均衡する)モデルであって，労働の雇用量は労働の需要曲線上で決まる形になっているためである。すなわち，ケインズ(ケインジアン)のモデルは，完全雇用水準以下の雇用水準と生産量水準で均衡が論じられるモデルである点が留意すべき点である。

2·7　労働市場·生産物市場·フィリップス曲線

以上のようなモデルから，フィリップス曲線がどのようにして導かれるであろうか。そこで，労働市場，生産物市場(総需要曲線と総供給曲線)とを対比しながら，フィリップス曲線の導出を試みることにしよう。

Fig.9は労働市場を表現している。縦軸は労働の限界生産力と実質賃金率をとり，横軸は労働の雇用量をとっている。右下りの労働需要曲線は労働の限界生産力$F_N(N,\ \overline{K})$に$(1-\eta)$を掛けたものが実質賃金率$\overline{w}/p$と等しい点の組合わせを与える曲線である。初期において，この「需要曲線」上のa点で実質賃金と雇用量が与えられているものとする。

Fig.10は総需要曲線と総供給曲線とによる生産物市場の状態が表現されている。総需要曲線は名目貨幣供給量$\overline{M}$を一定として描かれており，$\overline{M}$が増大すると右上方にシフトする。総供給曲線は貨幣賃金率$\overline{w}$と資本存在量$\overline{K}$とが一定として描かれており，$\overline{w}$が上昇すると左上方にシフトし，$\overline{K}$が増大すると右下方にシフトする(ただし前述のごとく$\overline{K}$は当面一定であることが前提されている)。初期においては，総需要曲線D_0-D_0と総供給曲線〈S_0-S_0〉の交点aにおいて実質生産量yと物価水準pとが与えられているもの

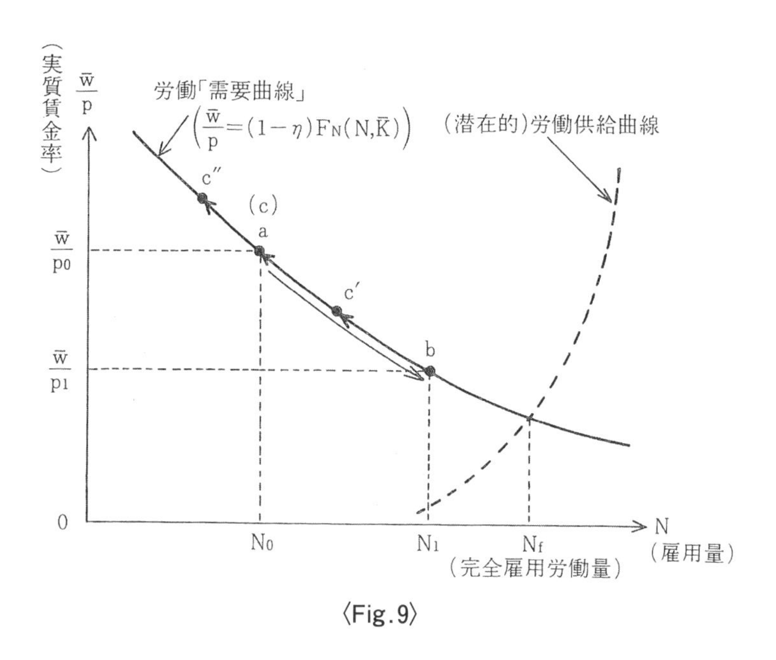

〈Fig.9〉

とする。

いま，拡張的金融政策によって名目貨幣供給量が増大したものとする。そうすると，Fig.10 における総需要曲線 $D-D$ が右上にシフトし，均衡点が a から b へと移動する。これによって生産量(GNP)は当初の y_0から y_1へと増大すると同時に物価水準が当初の p_0から p_1へと上昇する。これを Fig.9 でみると，貨幣賃金率は不変のままで物価水準が上昇したのであるから実質賃金率が低下し，労働市場での均衡点は「労働需要曲線」上の a 点から b 点へと移動し雇用量が当初の N_0から N_1へと増大している。

しかしながら，労働者側は実質賃金率の低下に気づき，できる限り実質賃金率を上昇させるような方向に貨幣賃金率の上昇圧力を企業側に加える。その結果は，労働者と企業との「力関係」に依存して3つのケースに分かれ得る。1つは物価上昇率と同率の貨幣賃金率の上昇を実現でき，実質賃金率が当初の水準に戻った場合であてる。この場合には，労働「需要曲線」上では，

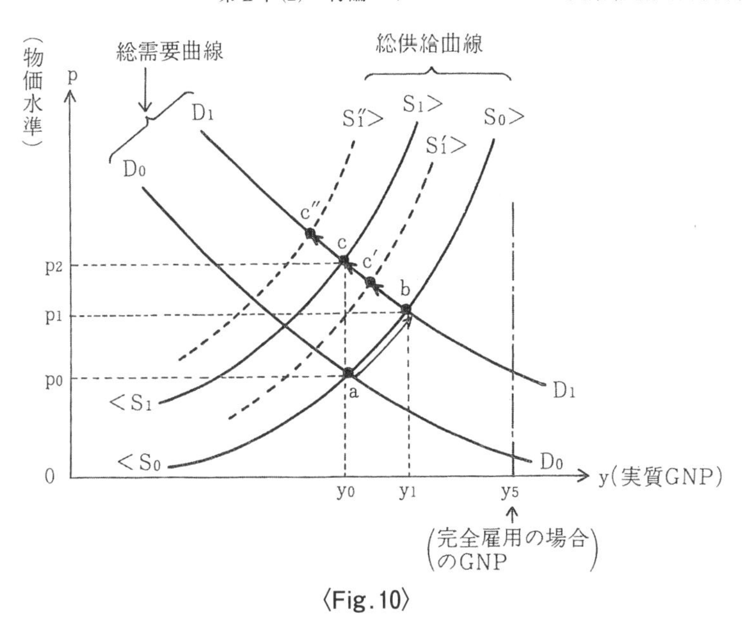

〈Fig.10〉

b 点から再びもとの a 点(すなわち c 点)に均衡点が戻り，雇用量は再び N_0 に減少する。これを Fig.10 でいうと，総供給曲線が〈S_1-S_1〉へとシフトし，均衡点が b 点から c 点へと移った場合である。この c 点は，当初の a 点の真上に位置するので，生産量は当初の y_0にひとしく，物価水準は p_2へと上昇している。これに対して，2 つめは労働側の力が相対的に弱く，当初の実質賃金率までに戻れなかった場合である。この場合が労働市場では労働「需要曲線」上の c' 点で再均衡した場合であり，Fig.10 では総需要曲線 D_1-D_1上の c' 点がこれに対応している。反対に，3 つめとしては，労働者側の力が過剰な場合であり，この場合は実質賃金率が当初の水準を上回る水準に決着した場合である。この場合は，Fig.9 の労働「需要曲線」上の c'' 点で再均衡した場合であり，Fig.10 においては総需要曲線 D_1-D_1上の c'' 点がこれに対応している。

以上のことをフィリップス曲線の形で表現すると Fig.11 のようになる。

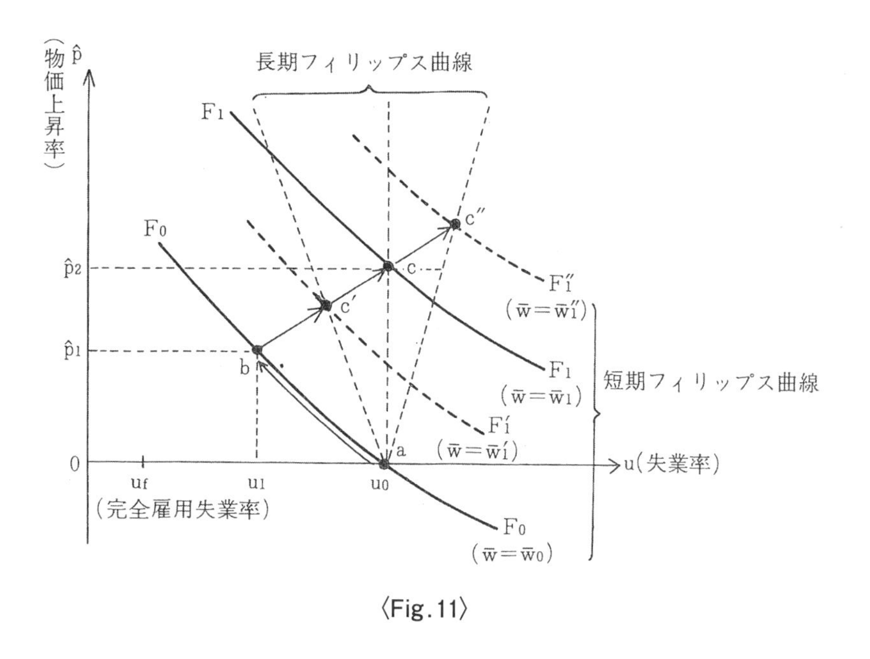

〈Fig.11〉

この図は，横軸に失業率，縦軸に物価上昇率がとられているが，議論を大幅に簡単化するために，物価上昇率の定義を，通常のそれと異なり，次のようにしてある。すなわち，t期の物価上昇率$\hat{p}_t$，同じくt期の物価水準p_t，基準時の物価水準p_0とすると，

$$物価上昇率\hat{p}_t=\frac{p_t-p_0}{p_0}$$

とする。これを用いることによって，「物価上昇率」は，「物価水準」pで置き換えることが可能となる。

Fig.9 および Fig.10 における初期点aに対応する点が Fig.11 のa点である。初期においては，物価上昇率がゼロで，失業率がu_0である。そこで，金融政策によって貨幣供給量$\overline{M}$増加したことにより，物価上昇率と失業率の組合わせで与えられる点が「短期」および「長期」において理論上いかなる軌跡を描くかを表わしたものが本図のフィリップス曲線である。前二図に

おける b 点に対応する点が Fig.11 の b 点である。この点においては，物価上昇率は $\hat{p}_1$ に上昇し，失業率は u_1 に減少している。そして，初期の a 点からこの b 点に移行する過程では貨幣賃金率 $\overline{w}$ は不変であるから，この過程は，われわれの定義した「短期」の過程である。したがって，曲線 F_0 は「短期」のフィリップス曲線である。そして，物価上昇による実質賃金率の低下を修正するための貨幣賃金 $\overline{w}$ の調整の結果が，前二図の c，c'，c'' に対応してそれぞれ Fig.11 の c，c'，c'' 点である。すなわち，実質賃金率が当初の水準を回復し得た場合が c で，この場合には，失業率は当初の水準 u_0 に戻り，物価上昇率は $\hat{p}_2$ に上っている。また，調整が不十分にしかなされなかった場合が c' で，この場合には，失業率は，b 点よりは増大するが当初の a 点の u_0 よりは小さい水準に留まる。また，物価上昇率は b 点よりは高いが，c 点よりは低い。さらに，調整が過度に行われた場合が c'' 点で，この場合には，失業率は当初の u_0 より大きくなり，かつ，物価上昇率も当初の水準を上廻る。

そして，これら c，c'，c'' の各点に到達した際には，しばらくそれらの点における貨幣賃金率がそれぞれの水準において不変に留まる。したがって，それら各点における「短期」のフィリップス曲線がそれぞれ存在し，それらがそれぞれ F_1，F_1'，F_1'' として描かれている。これらはフィリップスの指摘のとおり右下り(左上り)である。

ところで，当初の点 a から出発し，b を経てそれぞれ c，c'，c'' へ到達する間には，貨幣賃金 $\overline{w}$ が不変の「短期」と，それがそれぞれに調整される「長期」($b \to c$，c'，c'')とが含まれている。そこで当初の点 a と，「長期」の到達点(c，c'，c'')を結ぶ直線がそれぞれの場合に対応して得られる。Fig.11 において a とそれぞれ c，c'，c'' とを結ぶ点線がそれである。これらをケインズ(ケインジアン)モデルにおける「長期フィリップス曲線」と呼ぶことができる。これによれば，貨幣供給の増大による物価水準の上昇で起こる実質賃金率の調整の結果が完全な場合には長期フィリップス曲線は垂直となり，不完全な調整な結果実質賃金率が低下した場合にはそれが右下りとなり，さらに過度な調整が行われ実質賃金率が当初より上昇した場合にはそれが右上りになることがわかる。

§3. マネタリズム・モデルにもとづいたフィリップス曲線

3・1 短期と長期の定義

マネタリズム・モデルにおいては，物価上昇率に関する人びとの「期待」の概念を導入し，これを key-factor として理論が構成されている。そこで，「短期」と「長期」の概念を次のように定義する。

まず，ケインズ・モデルの場合と同じ理由により資本ストック存在量$\overline{K}$は一定であることが大前提となる(第2節，2・1)参照のこと)。

その上で，まず，貨幣賃金率wが一定，かつ期待物価上昇率$\widehat{p}^e$が不変であるような仮想的な短期を「超短期」と定義することとする。後述のごとく，マネタリズム・モデルにおいては，すべての価格が伸縮的で，需要と供給の不一致はそれによって瞬時に調整されることが仮定されているので，このような「超短期」は仮想的な概念である。

次に，期待物価上昇率$\widehat{p}^e$のみが不変に留まる期間が「短期」と定義される。この期待物価上昇率$\widehat{p}^e$は，現実の物価上昇率$\widehat{p}$と共に，ケインジアン・モデルと同じように，簡単化の目的から，次のように定義されることによって，期待物価水準p^eに読み換えることができる。

$$期待物価上昇率\widehat{p}^e=\frac{p^e-p_0}{p_0}$$

(p^e：期待物価水準，p_0：基準時の物価水準)

したがって，期待物価水準p^eが一定の期間を「短期」と定義することにする。

そして，期待物価上昇率，したがって，期待物価水準p^eが現実の物価水準との対比によって調整される期間が「長期」と定義される。

そこで，以上のことをまとめると，次のようになる。

$\overline{K}$(資本ストック)=const.：「大前提」
w(貨幣賃金率)=const.　} :「超短期」(仮想的概念)
p^e(期待物価水準)=const.　}
p^e(　〃　)のみ const.:「短期」
p^e(　〃　)の調整過程：「長期」

3·2　モデルの提示

ケインズ理論が古典派理論を批判する形で提示されたのに対し，石油ショック時から，スタグフレーションと呼ばれる右上りのフィリップス曲線で表わされる事態が発生したことにより，現代の古典派ともいうべき理論を提示したのがアメリカのフリードマン(Milton Friedman)を中心としたシカゴ学派の人々である。彼等の理論および思想はマネタリズムと呼ばれる。そのモデルをわれわれがすでにみてきたケインズ·モデルと対比可能な形で表わすと次のようになる。(貨幣需要関数 $f(\ \ )$ はもっと複雑であるが近似として以下のように表わすことが許されるとしよう。)

$y=C(y,\ i)+I(i)$：IS 曲線
$\dfrac{\overline{M}}{p}=f(i,\ y)$：$LM$ 曲線
　⇒短期(および長期)総需要曲線 $(D-D)$ (制約条件)

$y=F(N,\ \overline{K})$：生産関数
$\dfrac{w}{p}=(1-\eta)F_N(N,\ \overline{K})$：労働の「需要関数」(制約条件 $D-D$ の下での利潤極大化)
　⇒超短期総供給曲線
$N=a_0+a_1\cdot\dfrac{w}{p^e}$：労働の供給関数
$p=p^e$：期待と現実の一致(長期)
　⇒長期総供給曲線 $(\langle S-S\rangle)$

(ただし，$a_0>0$(人口を表わすパラメーター)，$a_1>0$，また，$\eta>0$ は総需要曲線の価格弾力性の逆数である。)

このモデルのうち上の2本の方程式は，ケインズの場合と同じIS曲線およびLM曲線を与える式である。そして，この2つから得られる短期(および長期)総需要曲線($D-D$)が，生産者が供給計画表(p，y)を形成するときの制約条件となる。この解釈はケインズに妥協した解釈であり，マネタリズムが古典派を源流としながら，古典派本来の互いに独立の需要曲線と供給曲線との不一致を価格pが調整するとの考えとは異なる。$D-D$曲線が供給計画と独立の需要曲線とはいえないことから，モデルに斉合性を持たせるためにはこのように考えざるを得ないのである。この点が無理な解釈であると見做すのなら，マネタリスト･モデルは斉合性を欠くといえるかもしれない。ただし，古典派との類似点として，長期において利子率iが貯蓄と投資の均衡式から与えられる形をとるので(すなわちIS曲線上で与えられるので)，消費関数が，実質国民所得yのほかに利子率iを含み，iの減少関数となっている。そして，この点がケインズモデルと異なる。(ISの式において，消費関数を左辺に移行して$y-C(y,\ i)=I(i)$の形にすると，左辺は貯蓄関数となり，yがほかから与えられることにより，両辺に含まれた利子率がこの式で決まることがわかる。)

また，労働の「需要関数」および供給関数においては，貨幣賃金率wが内生変数(モデルの中で決まってくる変数)であることがケインズ･モデルと異なる第2の点である。すなわち，ケインズ･モデルのように，貨幣賃金率wは外生的に決まる(すなわち短期においては硬直的である)とは考えない。マネタリズムにおいては，貨幣賃金率を含めたすべての価格が，短期的にも長期的にも伸縮的であると考えられている。この点は，古典派との最も重要な共通点であり，かつ，ケインズとの相違点である。しかし，生産物価格pだけは，伸縮的ではあるが，需要計画と供給計画との不一致を調整する形で需要者ならびに供給者とは独立に，動くのではない――既述。

また，ケインズの場合のように，労働の雇用量が労働「需要曲線」上のみで決まるのではなく，それが労働の「需要曲線」と供給曲線の交点で決まるように貨幣賃金率wが瞬時に調整を行うことになる。そこで，ケインズの場合と異なり，労働の供給曲線がモデルに含まれるのである。ここでカギカッコつきの「需要曲線」としたものは，生産物市場の需要計画と供給計画との不一致をそれら両者と独立の価格が調整する場合の労働需要関数の右辺の労働の限界生産力に，弾力性係数$(1-\eta)$を掛けた場合のものを表わす。ただし，「労働需要」は，現実の実質賃金率w/pで決まるのに対し，労働供給は期待実質賃金率w/p^eで決まるものとされる。これは，労働需要者としての企業は，自ら設定する生産物の市場での価格を通じて，一般物価水準pを比較的早く知ることができるのに対し，労働供給者としての労働者は，物価上昇率(したがって物価水準)について一定の期待(予想)を形成するが，実際の物価水準がどのような速度で上昇しているのか，すぐには判断できないものと考えられるからである。すなわち，労働供給側にのみ，短期においては「貨幣錯覚」が存在し，これが現実の物価水準を知るにしたがい順次修正されてゆくと考えるのである。この「貨幣錯覚」，したがって現実の物価水準と異なる期待物価水準を修正していくプロセスがマネタリズムの「長期」なのである。

そして，労働の供給量は，期待実質賃金率が高いほど大きくなるものと仮定され，したがって，労働供給曲線は右上りの傾斜をもつ曲線として描かれることになる(縦軸に期待実質賃金率，横軸に労働供給量をとった場合)。

ところで，ケインズにおいては，労働側に短期的に存在する「貨幣錯覚」を長期において修正する際に，どのような修正結果になるかは，労働側と企業との「力関係」のごとき外生的要因で決まると考えられたのに対し，マネタリズムにおいては長期において期待物価上昇率は現実の物価上昇率に一致し，短期的に存在する「貨幣錯覚」は完全に消滅するものと考えるのである。この「長期」における均衡状態を直接表現したものが最後の式である。

なお，既述のとおり，ケインズの場合は短期的にも長期的にも，一般的には，完全雇用以下の雇用水準(したがって生産量水準)で経済が均衡しているのに対し，マネタリズムの場合は，長期的には，完全雇用水準(自然失業率水準――後述)で均衡することになる。

3·3　労働市場·生産物市場·フィリップス曲線

それでは，以下において，物価上昇率ゼロで完全雇用(自然失業率)にある初期時点において，金融政策により貨幣供給量$\overline{M}$が増大した場合に，労働雇用量，貨幣賃金率，物価水準および生産量(GNP)がどのように変化し，長期均衡状態に到達するかを，ケインジアンの場合と同じように労働市場と生産物市場とを対比しながらみてみよう。そして，それをフィリップス曲線で表現するとどのようになるかをみてみよう。

その前に一言説明しておかなければならない概念がある。それは，既にでてきた「自然失業率」という概念である。これは，一国経済全体に存在する労働可能な能力(人数×時間)全体を労働供給量としたときに，この中に含まれる労働する意志のない部分(これを自発的失業という)，および新しい職場を探していて，やがて雇用されるが未だ雇用されていない部分(これを摩擦的失業という)を合わせた部分を総労働供給量で割った値をフリードマンによって「自然失業率」と名付けられたもので，この水準に雇用量が存在する状態を完全雇用とみなすのが通例である。

さて，Fig.12 は労働市場を，また Fig.13 は生産物市場をそれぞれ表わしている。Fig.12 では，縦軸に，実質賃金率ではなく名目賃金率(貨幣賃金率)がとられている。そして，労働「需要曲線」および供給曲線は，共に，それぞれ物価水準 p および期待物価水準 p^eが一定として描かれている。いま，労働需要関数および供給関数を変形すると，それぞれ，

$$
\begin{cases}
w=p(1-\eta)F_N(N,\ \overline{K}) & \text{：労働「需要関数」} \\
w=p^e\cdot\dfrac{N-a_0}{a_1} & \text{：労働供給関数}
\end{cases}
$$

となるので，両曲線はそれぞれ物価水準 p および期待物価水準 p^eが高くなるほど上方にシフトすることがわかる。(「需要曲線」は p によりシフトし，供給曲線は p^eによりシフトする)。

また，Fig.13 においては，「総需要曲線」$D-D$ が右下りに描かれている。

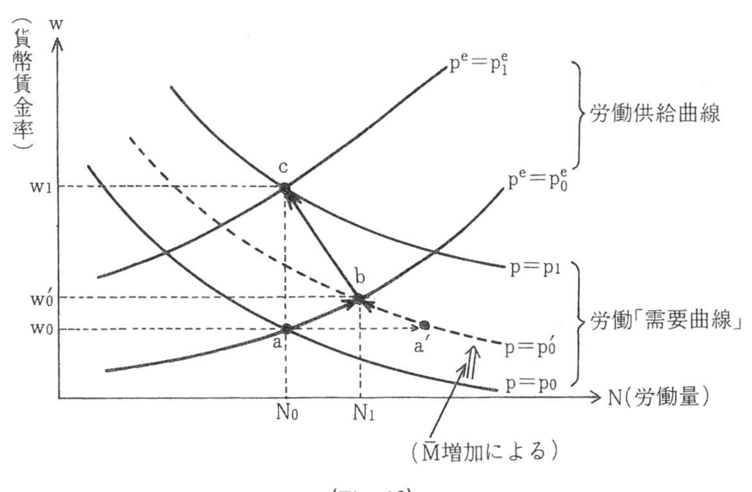
w
(貨幣賃金率)
$p^e = p^e_1$
労働供給曲線
c
w_1
$p^e = p^e_0$
$p = p_1$
b
w'_0
w_0
労働「需要曲線」
a
a′
$p = p'_0$
$p = p_0$
N(労働量)
N_0
N_1
($\bar{M}$増加による)

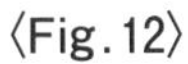
〈Fig.12〉

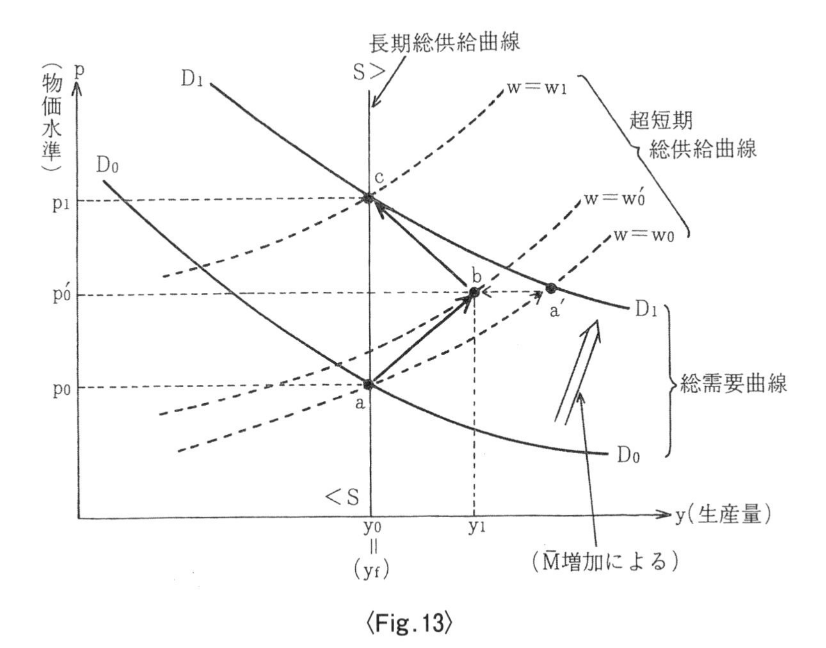
長期総供給曲線
p
(物価水準)
S>
D_1
$w = w_1$
超短期
総供給曲線
D_0
c
p_1
$w = w'_0$
$w = w_0$
b
p'_0
a′
D_1
p_0
総需要曲線
a
D_0
<S
y(生産量)
y_0
‖
(y_f)
y_1
($\bar{M}$増加による)

〈Fig.13〉

そして，仮に貨幣賃金率が不変であるとした場合の「超短期総供給曲線」が右上りの点線で描かれている。そして，「長期総供給曲線」が〈$S-S$〉である。

さて，初期時点において，経済が両図の a 点において長期均衡をしているものとする。この点においては物価上昇率，貨幣賃金上昇率ともにゼロである。そしてこのときの雇用量 N_0 は，完全雇用の雇用量であり，生産量(GNP) y_0 は完全雇用に対応した生産量である。これらは，さきに説明した自然失業率に対応する雇用量および生産量である。

いま，ここで，金融政策により，貨幣供給量 $\overline{M}$ が増大したとしよう。そうすると，Fig.13 における総需要曲線(制約条件)が D_0-D_0 から D_1-D_1 へと右上方にシフトする。ここで仮に貨幣賃金率が a 点における w_0(Fig.12)のままであるとすると，「超短期供給曲線 $w=w_0$」に沿って a から a' に瞬時に経済は移行する。これは，「総需要曲線」D_1-D_1 と「超短期供給曲線 $w=w_0$」とから，物価水準が p_0 から両者の交点の a' に対応する p_0' へと上昇するからである。このとき，労働市場(Fig.12)においては，物価水準の p_0' への上昇により，労働供給曲線が $p=p_0'$ のそれへと上方シフトする。したがって仮に貨幣賃金率が w_0 のままであれば，労働市場は瞬時に a' に移行している。しかしながら，この状態では，労働の超過需要が発生しているから，貨幣賃金率はただちに w_0' へと上昇し，労働市場の均衡点は b へ瞬時に移行する。この段階では，労働供給曲線は，貨幣錯覚の存在のために期待物価水準が当初の p_0^e に留まっているために $P^e=P_0^e$ のそれのままであるからである。そこで，この時点(b 点)での雇用量は当初より増えて N_1 となる。

ところで，労働市場で貨幣賃金率が w_0 から w_0' に上昇したのであるから，生産物市場(Fig.13)での「超短期供給曲線」は左上にシフトし $w=w_0'$ のそれとなる。したがって，この曲線上における，物価水準 p_0' の点 b へと生産物市場は瞬時に移行する。この点においては，生産量は，当初の y_0 より増加し，y_1 水準になっている。この Fig.13 における b 点が，Fig.12 における b 点に対応している。最初のショック($\overline{M}$ の増加)による両市場の変化が，両図における，a 点から b 点への移行として表わされている。

ここまでの変化(雇用量の増大および生産量の増大)は，貨幣供給の増大というショックによって生じた物価水準の上昇が，労働需要側には認識され「労働需要」がそれに反応したが，労働供給側には認識されないという非対称性のために，労働市場において貨幣賃金率が物価水準以下の上昇をしたに留まり，その結果，実質賃金率が低下したことによる。

しかしながら，やがて，労働側も現実の物価上昇に気づき，自らの物価上昇期待，したがって期待物価水準を上方に改める。すると，労働市場(Fig.12)において，労働供給曲線が左上方にシフトする。そうすると，すでに当初のショックの段階でシフトしていた「労働需要」曲線との間に需給ギャップが発生し，貨幣賃金率が b 点における w_1 よりも上昇する。そして雇用量Nも b 点における N_1 よりも減少する。これに対応して生産物市場(Fig.13)においては，労働市場で貨幣賃金率が上がったのであるから，「超短期供給曲線」は $w=w_0'$ のそれよりもさらに左上にシフトする。そして，その前の「超短期供給曲線 $w=w_0'$」と「総需要曲線」D_1-D_1 との交点できまる物価水準(これは b 点での p_0' より上っている)と，この新たにシフトした「超短期供給曲線」との交点へと生産物市場は移行する。ここでは，b 点よりも生産量水準 y は減少し，物価水準 p は上昇している。しかしながら，この点において，新たに「総需要曲線」D_1-D_1 と「超短期供給曲線」との間にギャップが生じており，物価水準 p はさらに上昇すると同時に生産量 y が減少する。

それを労働市場でみると(Fig.12)，物価水準の上昇により，一方で労働「需要曲線」の上方シフト(右方シフト)が生じる。他方で，労働供給側は，物価上昇期待，したがって期待物価上昇率を上方に修正する。したがって，労働供給曲線は「需要曲線」のシフト以上に上方(左方)シフトする。そして，両曲線の交点は b 点より左上に移動する。

それは，その期待物価上昇率(したがって期待物価水準)の上方修正は，現実の物価上昇率よりも大きくなるからである。それ以後は上述のプロセスの繰返しを生じせしめ，貨幣賃金率の上昇→物価水準の上昇→期待物価水準の上昇→貨幣賃金の上昇→……となり，やがて期待物価水準が現実の物価水準に追いついたところで当初の実質賃金率 w/p が回復され，雇用量Nと生産量 y とは当初の水準である N_0 および y_0 に戻る。そして，物価水準 p と，貨幣賃金率 w とは当初よりも上昇しているのである。この最終時点を表わしているのが両図における c 点である。そしてこの a 点と c 点を通る垂直な直線〈$S-S$〉が「長期総供給曲線」である。

すなわち，両図において，a 点から b 点への矢印が，貨幣供給の増大というショックに対する両市場の「短期」の調整のプロセスであり，b 点から c 点に至る矢印が「長期」の調整のプロセスを表わしている。この〝追いかけっこ〞のプロセスを記号化すれば，

$$\underset{(b)}{p^e}\uparrow \rightarrow w\uparrow \rightarrow p\uparrow \rightarrow p^e\uparrow \rightarrow w\uparrow \rightarrow p\uparrow \rightarrow p^e\uparrow \rightarrow \cdots\cdots \rightarrow p=\underset{(c)}{p^e}$$ となる。

以上で考察した労働市場と生産物市場でのプロセスをフィリップス曲線で表現したものが Fig.14 である。同図の a 点が出発点であり，この点の物価上昇率はゼロ，失業率は自然失業率(完全雇用失業率) u_0 である。そして b 点が前二図の b 点に対応している。すなわち，前二図では，b 点は a 点より雇用量が増大しており，また物価上昇率(したがって物価水準)も上昇しているので，失業率 u_1 は当初の u_0 より低くなっている(超完全雇用状態)。この a から b に移行するプロセスでは，労働側の期待物価上昇率(したがって期待物価水準)が変化しないから，a から b に至る矢印は「短期」のプロセスを表わしている。したがって，a および b 点を通る太い点線の曲線は「短期フィリップス曲線」である。これは，a から b に至る過程で貨幣賃金率が多少上がっているから($w_0 \rightarrow w_0'$)，ケインズの短期フィリップス曲線とは異なる(ケインズのそれは細い点線で描かれた曲線である)。そして b から c に至る矢印が，前二図の b から c に至るプロセスに対応している。このプロセスは期待が修正されてゆくプロセスであるから「長期」のプロセスである。そして c 点において期待の修正が完了し，もとの雇用水準，したがってもとの失業率(自然失業率)に戻っている。したがって a と c を結ぶ垂直な直線がマネタリズムにおける「長期フィリップス曲線」ということになる。すなわち，期待物価上昇率(期待物価水準)の修正により，「短期フィリップス曲線」が

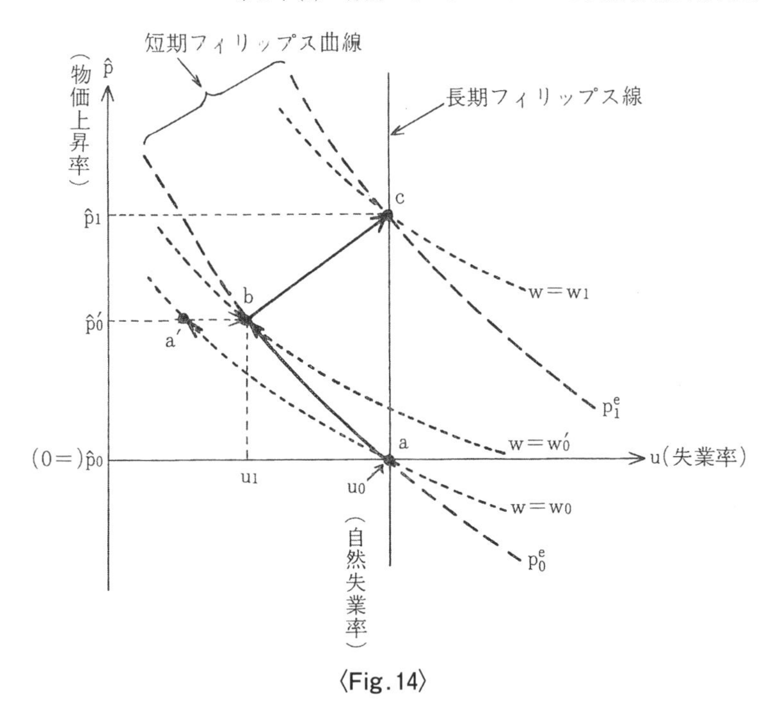

〈Fig.14〉

右上方にシフトし，その結果(期待と現実が一致した点で)「長期フィリップス曲線」が得られるのである。

以上の説明から，実質賃金率の低下(貨幣賃金率以上の物資上昇)が雇用量の増大を招き，失業率を減少させるのが「短期フィリップス曲線」(右下り≡左上り)を形成し，実質賃金率の上昇(貨幣賃金率以下の物価上昇)が雇用量の減少を招き，失業率を増大させる過程が「長期フィリップス曲線」へ移行する過程(右上り≡左下り)であることがわかる。

§4. 現実のフィリップス曲線の説明のために

4·1 ケインズ·モデルとマネタリズム·モデルの対比

これまでの説明では，いずれのモデルによるせよ，「短期フィリップス曲線」の右下りの説明と，「長期フィリップス曲線」の傾斜の説明という形で話を進めてきた。そこで，本節では，第1節の1・2で掲げた日本とアメリカの現実のフィリップス曲線(Fig.2，Fig.3)の各部分をどのように説明できるかという問いに答えるための手助けとなる記述を与えておきたい。

その前に，両モデルの共通点と相違点とを確認しておく必要がある。それは次のようにいえるのである。

(a) ケインズ理論は，貨幣賃金率が外生的に与えられ，短期的には硬直的であると考えるのに対し，マネタリズムでは，貨幣賃金率を含めたすべての価格が短期的にも長期的にも伸縮的であると考えられている。但し，マネタリズムでは，生産物市場の価格 p は，相互に独立の需要計画と供給計画があって，かつ，それらと独立に動くのではなく，供給者が供給量 y とセットにして，供給計画(p，y)として与える。

(b) 経済に貨幣的ショック(貨幣供給量の増減)が与えられたときに，当初に生ずる労働側の「貨幣錯覚」を長期において修正する際に，ケインズ·モデルにおいては，その結果は，労働側と企業との「力関係」のごとき外生的要因に依存すると考えるのに対し，マネタリズムにおいては，労働側に期待の修正のプロセスが生じ，その結果，短期的に存在する「貨幣錯覚」は長期においては完全に消滅すると考える。

(c) ケインズにおいては，短期的にも長期的にも一般的には，完全雇用水準以下で経済が均衡するが，マネタリズムにおいては，長期的には完全雇用水準(自然失業率水準)で均衡する。

(d) ケインズ·マネタリズムのいずれの場合においても，物価上昇率の上昇による〝実質賃金率の低下〟(貨幣賃金率の上昇以上の物価の上昇)が雇用量の増大を招き，失業率を低下させるプロセスが短期フィリップス曲線上の「左上り」の過程である。そして，その逆，すなわち，物価上昇率の上昇による〝実質賃金率の上昇〟(貨幣賃金率の上昇率以下の物価上昇)が雇用量の減少を招き，失業率を増大させるプロセスが長期の「右上り」の過程である。

また，物価上昇率が下落する場合は，それによる〝実質賃金率の上昇〟が「右下り」(短期)の過程を構成し，〝実質賃金率の低下〟が「左下り」(長期)の過程を構成する。

そして当初の貨幣的ショックによる〝実質賃金率の低下〟は，ケインズでは貨幣賃金率の硬直下で物価上昇が生ずる点に原因が存するのに対し，マネタリズムでは，当初の物価上昇に対し，企業側が労働需要を増大させるのにも拘らず，労働側は「貨幣錯覚」のために労働供給を変えない(減らさない)ために，物価上昇率より低い率の貨幣賃金率の上昇しか生じないことをその原因とする。

そして，それに続く調整過程で，〝実質賃金率の上昇〟が生ずる原因を，ケインズの場合は，労働側に初期に起こる「貨幣錯覚」を修正した結果が「力関係」に依存することに求めるのに対し，マネタリズムの場合は，現実の物価上昇速度より大きい速度で期待物価上昇率が改訂され，したがってその率で貨幣賃金率が改訂されながら，実質賃金率が元(当初)の水準に回復してゆくメカニズムに求める点が相違点である。

4·2　現実のフィリップス曲線の説明のための補足事項

現実のフィリップス曲線を説明するに際して，以上のごとき基本的な理論的説明では説明しきれない部分が存在することが明らかとなる。それは例えば，〝石油ショック〟のごとき，労働力以外の生産要素の価格の外生的上昇が起こった場合である。石油(エネルギー)という生産要素は，この場合，ケインズ，マネタリズム両モデルにおいて，一定とみなされて議論が進められてきた資本ストック$\overline{K}$の一部と考えられる。そして，これの価格の外生的引上げにより，これ(石油)の使用量が減少するものと考えられ，したがって$\overline{K}$の減少が起こる。その結果，労働「需要関数」$\dfrac{w}{p}=(1-\eta)F_N(N,\ \overline{K})$の右辺に含まれる労働の限界生産力$F_N(N,\ \overline{K})$が低下し，したがって，実質で表わした「労働需要」曲線が下方にシフトする(Fig.12のそれは名目で表わしたものである点に注意)。そのために左辺の実質賃金率に比べて労働の限界生産力に$(1-\eta)$を掛けたものが小さくなるので，企業は，生産物価格pを上昇させようとする(限界コストに見合った限界収入を得るため)。その結果，生産物市場で「総供給曲線」(マネタリズムの場合「超短期総供給曲線」)が左上方にシフトし，物価水準pが上昇し，生産量yが低下する。したがって雇用量Nも減少し失業率が増大する。したがって，労働力以外の生産要素の価格の外生的上昇が生じた場合にも，フィリップス曲線は「右上り」となる。

なお，このケースで，マネタリズムの場合，「超短期供給曲線」が労働以外の生産要素価格の上昇により左上にシフトするが，これによる物価上昇よりも，その物価上昇によるFig.12での「労働需要」曲線の上方シフトで起こる貨幣賃金率の上昇の方が小さい場合には労働市場において実質賃金率が低下する。しかし，このような場合でもそれ以上の労働の限界生産力の低下があれば，雇用量の減少が起こり，したがって失業率が増大する。

最後に，これまでの説明では，「総需要曲線」をシフトさせるパラメター(外生変数)として貨幣供給量$\overline{M}$の変化(金融政策による)のみを採り上げ，これが両モデルとも，短期フィリップス曲線上の移動の原因であるとしてきた。これは，本章における両モデルの表示が，それのみを「総需要曲線」シフトの明示的なパラメターとして含んでいたからである。しかし，現実の経済を考える際には，このほかに，財政赤字の程度，輸出額などが総需要曲線のシフト・パラメターとなることを忘れてはいけない。すなわち，これらが大きい場合ほど，「総需要曲線」は右上方にシフトし，物価水準を上昇させる初発的原因になるのである。(但し，消費関数，投資関数，貨幣需要関数を形成するパラメターの変化も忘れてはならないが，これらは当面不変としておく。)

これに対し,「総供給曲線」(もしくは「超短期総供給曲線」)をシフトさせるパラメター(外生変数)としては,主として貨幣賃金率の変化を採り上げ,さらに本節においてエネルギー価格の変化をこれに追加した。そして,これらが,長期フィリップス曲線への移行,すなわち,短期フィリップス曲線のシフトの原因であるとした。しかしながら,一般には,これらの他に,すべての生産要素の価格の変化,ならびに技術の進歩などがこれに加えられねばならない。これらのうち技術進歩を除いたそれぞれが大きくなるほど,「総供給曲線」(または「超短期総供給曲線」)の左上方へのシフトが大きくなり,物価上昇を大きくすると同時に生産量,したがって雇用量の減少を大きく(失業率を大きく)するのである。そして技術進歩については,それが大きい場合ほどその逆の効果が大きくなるのである。

第Ⅲ章　物理学の構造

§1.　系の変換と弁証法

物理法則は，如何なる座標系で表しても，同じ形であることが要請される。これを系に関する共変という。そこで，物理学史で最も主要な座標系の変換である，2つの変換を概観し，それらが，第Ⅰ章で示した弁証法と同形であることを見よう。2つの変換とは，古典物理の基本運動方程式であるニュートン力学の不変性を与えるガリレイ変換と，アインシュタイン特殊相対論の不変性を与える，ローレンツ変換である。

1·1　ガリレイ変換

(1)古典力学の質点の運動方程式を与える「ニュートン力学」を復習すると，次の3つの法則から成る。

1)慣性の法則，2)運動方程式，3)作用反作用の法則

1)と3)は，「公理」或いは「経験則」に属すると見做されるから，2)を取り上げよう。2つの異なる慣性系，x系とx'系との運動方程式(定義式ではない)，(時間は空間系によらず，「空間系の外にある時間当りの物体の〝状態〞を変えるもの」を〝力〞と定義する〝状態〞は，空間系によらないとする。)は(m質量，x位置ベクトル，f力ベクトル)

$$\left(\begin{array}{l} \text{〝}x\text{系〞}: m\dfrac{d^2x}{dt^2}=f \\ \text{〝}x'\text{系〞}: m\dfrac{d^2x'}{dt^2}=f \end{array}\right\}$$
時間tのとり方は，
この変換に無関係—(a)

これに応じる「座標変換」は(慣性系(x 系)→慣性系(x' 系))

$$
\begin{cases}
t'=t \\
x'=x-vt\,(v\ \text{速度}) \\
y'=y \\
z'=z
\end{cases}
$$

但し，この「座標変換」は，「両系が直交座標系，軸が互いに平行，後者の前者に対する速度 v が x 軸に平行，両系の原点が一致した瞬間をそれぞれの時間の原点にとれば」成立するのである。このとき，両系の「世界長」(ローレンツ変換のケースの「距離」に相当)$S^2=S'^2$，運動方程式不変が成立するので，ニュートン力学の１つの「相対性原理」(座標系が互いに同等で，物理法則がそれぞれの間の座標変換で形を変えないという原理)である。

(2)２つの系の運動方程式から

$\underset{(\text{慣性系})}{\dfrac{d^2x}{dt^2}}=\underset{(\text{慣性系})}{\dfrac{d^2x'}{dt^2}}$⇔「$x$ と x' の違い(矛盾)」が出てくる。しかし，

これは，f を〝媒介〟として，x と x' が〝繋がって〟いることと等価である。即ち，慣性系(x)と慣性系(x')が繋がっている。だが位置座標に〝矛盾〟(違い)があるから，両〝慣性系〟は，f を〝到達点〟とした，〝統一概念〟を抽出せねばならない。しかも，この式は t がパラメターである。ところが，〝統一概念〟(共通概念)は f 自身であり，f が繋ぐ〝系〟同士は，何れも〝慣性系〟で，それらの外で f が定義されているから，〝統一概念〟f の役目は，〝慣性系〟の〝移動〟である。一方の〝慣性系〟が乗っている〝平面〟(x 面)と，局所的に，２回〝折り曲げ〟れば，１回目で間に〝垂直面〟が出来るが，２回目の直角〝折り曲げ〟で，１段上の〝慣性面〟(x' 面)が出来る。〝垂直面〟上に，「力 f」を乗せれば，〝垂直面〟(x 面⇔x' 面を繋ぐ)は，〝慣性系〟である。次の理由で，f は，〝慣性力〟であることが分かっている。

〝慣性系〟との方程式を成す力であるにも拘らず，他の〝慣性系〟との方程式を成す力と「均り合って」いて，(他の系の〝運動〟を消し)，一方の〝慣

性系″から見えない力を〝慣性力″という。(例,「求心力」で等速円〝運動″をしている質点の乗っている〝系″が,もう1つのその系から見えない系の,架空の「遠心力」という,「求心力」と均り合った力で,〝静止系″に〝変換″させられる場合,その「遠心力」が,〝慣性力″である。)x 面と x' 面は,段差があるが平行しているから,その2つの〝慣性面″からは,慣性力 f は(大きさが見えず,〝点″にしか)思えない。即ち「抽象」(概念)と〝読み換える″ことができる。時間はパラメターだから,「比較静学」となる。

従って,「ガリレイ変換」は,「弁証法」の形をとっているのである。(下の Fig.1･1･1 参照)

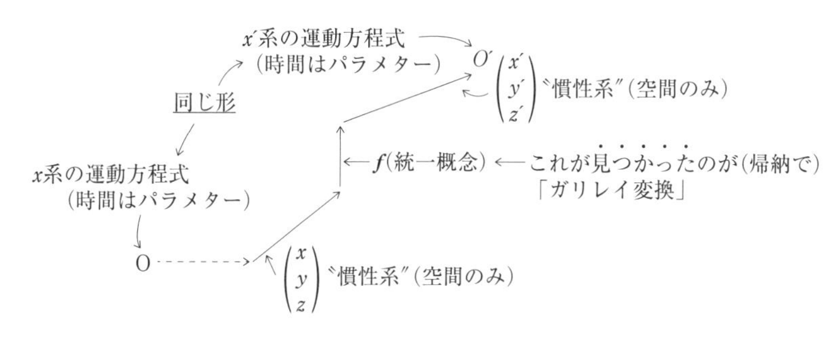

〈Fig.1･1･1〉 ガリレイ変換((a) の変換)

注1. (O の均衡が O' で再均衡されている。両点で方程式は同形)
注2. (f は,空間の外の,物体の〝状態″であるが,初めから与えられているのでなく,与えられた,空間の両系を〝統一する概念″と定義される。帰納又は正確な直観に依存する。)
注3. (時間 t は外から与えられるから,運動方程式は,比較静学といわれる。)

1･2　ローレンツ変換

(1)アインシュタインは,マックスウェルの電磁気学と,ニュートン力学の間に生じた矛盾を解決しようとした結果,ニュートン力学的な「時間･空間の概念」が誤っていることから生じていることから発していることを見つけた。その結果が,特殊相対性理論,次いで一般相対性理論である。時間を外に出して(パラメターとして),空間だけの2つの系の〝違い″から,系に両系に共通の力を見出すという，運動方程式を立てたことからくる「ガリレイ変換」を否定したもので，時間も ct として，空間座標と共に作った系に入れ(c 光高一定)，そのような2つの座標系間の変換をする理論を考えたのが，先ず「特殊相対性理論」であり，その変換が「ローレンツ変換」である。

(2)次のような，時間 ct を含んだ，慣性系間の線形変換が「ローレンツ変換」である。

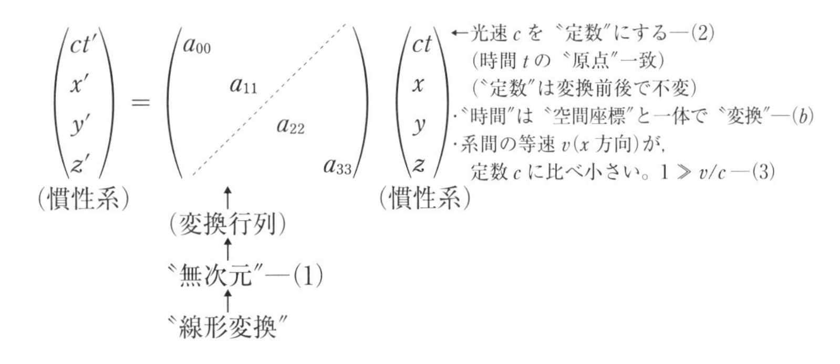

〈Fig.1·1·2〉 ローレンツ変換

「ガリレイ変換」との crucial な〝違い〟は，「ガリレイ変換」は「〝空間〟だけの系」同士の変換であったのに対し，「ローレンツ変換」は，「時間変数をも含む系」同士の変換であることである。〝同じ点〟は，〝慣性系〟から〝慣性系〟への変換であること。

変換に関わる〝演算子〟が無次元の行列にしたこと((1))，即ち，線形変換にしたことは，そうすることによって，元の系の運動方程式が1次式であっても，出て来た系の運動方程式が2次式になったりして，変換が，共変でなくなるのを防ぐためである。その他の〝特徴〟は)(2)，(3))である。この変換で得られる〈座標変換〉は

$$\begin{cases} ct' = \dfrac{1}{\sqrt{1-(v/c)^2}}ct - \dfrac{v/c}{\sqrt{1-(v/c)^2}}x \\ x' = \dfrac{v/c}{\sqrt{1-(v/c)^2}}ct + \dfrac{1}{\sqrt{1-(v/c)^2}}x \\ y' = y \\ z' = z \end{cases}$$

((3))の特徴から，第1式の第2項と第2式の第1項は，近似的にゼロであるから，両式は，それぞれ，

$$\begin{cases} t' \fallingdotseq (1/\sqrt{1-(v/c)^2})t \\ x' \fallingdotseq (1/\sqrt{1-(v/c)^2})x \end{cases}$$

となり，〝時間〟と〝位置〟が，変換によって〝縮む〟という帰結になる。(更に，もっと粗い近似では，$t' \approx t$，$x' \approx x$ となって，変換前後で，時間も，位置も，変らない，)或いは〝縮小〟は〝僅か〟である。だが，これでは，〝変換したこと〟に意味がない。微小な変換を問題にしている。

(3)初めに想定した〝慣性系〟間の変換式は，元の〝慣性系〟に「無次元の行列」が作用する形で，別の〝慣性系〟に変換するかたちになっている。従って，「ローレンツ変換」も，4次元の〝慣性系〟である点を〝同形〟と見做して，両系間の，「時間を含めた座標」の〝差異〟(矛盾)即ち〝慣性系〟間の地球上での〝移動〟，を〝統一〟するための〝共通概念〟が，換言すれば，4次元の〝慣性系〟に居るわれわれには「見えない空間」内の〝何か〟が，〝4次元系〟を別の〝4次元系〟にリフトしている，と考えられよう。この〝見えない何か〟を〝概念〟或いは〝抽象〟と呼んでいるのである。〝これ〟を，われわれの居る〝4次元空間〟(時空)の言葉で表現するものが，「直交」空間(90°で交わる)である。両系の変換子「無次元行列」は，その意味である。「見えない」とは，「無次元」と同義である。「抽象」とも同義である。従って，「n次元空間」の存在物は，「3次元空間」(4次元時空)からは見えない。〝抽

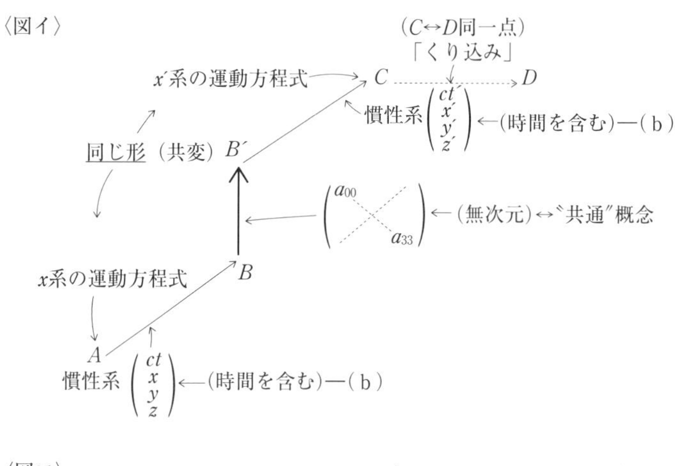

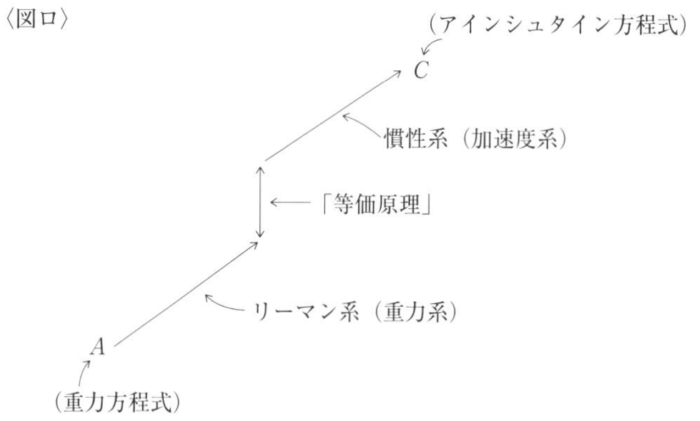

〈Fig.1·2〉（(b) の変換)

注 1. A で〝均衡〟していたものが，C で〝再均衡〟⇔ D で〝再均衡〟

注 2. 任意の C（矛盾点）と D 点が〝同一〟点，—「くり込み理論」—朝永振一郎ら（ノーベル賞）

注 3. われわれが住んでいる「系」の「次元」と異なる「次元」の「系」に誇がる法則を不変に保つように「系」を揃える場合，例えば〝重力の方程式〟を不変に保つための変換子を求める場合，変換前の「系」が曲がった「系」（リーマン系）であるような場合，変換先の「系」は「慣性系」になり，表現概念をテンソルと呼ばれるものを用いた上で，変換子〝概念〟が「アインシュタイン方程式」（一般相対論）となる。（図ロ）

注 2′「ローレンツ変換」が C で「再均衡」することと，D 点で「均衡」することが，〝同じ〟ことを云うのに，「ローレンツ変換」を使っている。「トートロジー」が成立している。これは，「ローレンツ変換」「弁証法」と等価を云うには，「ローレンツ変換」が閉じていることを意味する。円環となっていること。

象″或いは，〝概念″である($n-3$を除いて)。

〝慣性系″という〝同形性″を保つだけでなく，系変換の前後で方程式の形を不変に保つように，互いに〝矛盾″する系を〝統一″するのであるから，この変換(統一)は「弁証法」である。「統一概念」は〝無次元″の(見えない)「変換行列」である。即ち「概念」である。到達点は〝帰納″に依存する。(BB' ↑)－リフトの高さ。

1･3　Alternative な説明～「統一 max. u」の求めかた試論

(1)互いに「矛盾」する2つの「系」間の〝統一″，即ち相異なる「系」間で，物理法則が不変になる場合，両系間に如何なる関係が成立するか，の問題が，実は，「弁証法」を解く問題であることを示してきた。ここでは，その〝別法″を示して，その正非を問いたい。

一般に，「論理」で〝概念″を繋いでゆくには，繋がれる〝概念″同士が，同じ〝抽象次元″になくてはならない。換言すれば，系の次元が同じでなくてはならない。異なる次元の系間では，互いに相手の系内が見えない。即ち相手系内は抽象になる。言い方が悪いが，抽象概念の構成能力が〝弱い″と，この原則を〝外す″場合が多い。先天的な〝絶対音感″と同じ。

ここでは，〝慣性系″内での，抽象次元が一致しないもの同士 $c_1(xi) \Leftrightarrow c_2(xj)$，$i \neq j$，を〝矛盾″とした場合の「〝統一″$max\ u$」の求め方を，試論として述べてみたい。

(2)先ず，次の関数を仮定する。u は異なる次元の「慣性系」を橋渡しする関数である。

$u=u(c_1(xi),\ c_2(xj))$，$i \neq j$(c_1，c_2はフォン･ノルマン･モルゲンシュテルンの公準を充たすと仮定)

$max.\ u$：

$u_1 \equiv \partial u/c_1=0$，$u_2 \equiv \partial u/c_2=0$

$\Uparrow$　　　　　　$\Uparrow$

$$\Downarrow \qquad\qquad\qquad \Downarrow$$

$$u_1 = u_1(c_1,\ \underbrace{c_2) = 0,\ u}_{\Updownarrow}{}_2 = u_2(c_1,\ c_2) = 0$$

Sol.

$$\begin{cases} c_1 = c_1(u_1,\ u_2,\ c_2(x_j) = c_2(x_j) \\ c_2 = c_2(u_1,\ u_2,\ c_1(x_j) = c_1(x_j) \end{cases}$$

$$\Updownarrow$$

「$c_1(x_j)$ ＝「$max.\ u$」＝$c_2(x_i)$

(抽象次元 j の〝慣性系〟)　(抽象次元 i の〝慣性系〟)$(i \neq j)$

次元 xj と次元 $xi(i \neq j)$ と，〝違う〟〝抽象次元〟のもの同士が，「$max.\ u$」という「実体」(質料)で〝関連づけ〟(権威づけ)られているから，公準で「数量化」されているけれどそれ以前に〝実体化〟されているのである。「$max.$ する」ということは，公準を当然としていることである。従って，$c_1(x_j)$，$c_2(x_i)$ は共に〝リアル〟な〝実体〟であり，それらが等号で繋がれている。〝慣性系〟と〝慣性系〟が繋がれている。

$$c_1(x_j) = c_2(x_i)$$

但し，この等号の〝意味〟は，いわば，「タテ」の等号である。両者の間には「段差」がある。

$$\begin{matrix} c_1(x_j) & \\ \quad\| & \\ & c_2(x_i) \end{matrix}$$

(1F と 2F の「大きさ」が同じ)

とも書くべき関係である。抽象次元の「段差」がある。この「段差」が，(x_i) と (x_j) の〝抽象次元〟の〝違い〟であり，かつ，1F と 2F と〝大きさ〟が等しいというのがこの等式の意味である。1F 平面(慣性系)と，2F 平面(慣性系)との間に，垂直な平面が立っていて，その上に演算子「$max.\ u$」が「タテ」に乗っている。

問題の前提は，間違えて，$c_1(x_j)$と$c_2(x_i)$とを，同じ〝抽象次元〟と見做したことである。

〝矛盾〟を〝統一〟するためには，両者が同じフロアに居なくてはならない。少くとも「論理」を使って〝矛盾〟を見つけるには，「抽象次元」が揃った事象同士であることが必要である。

$c_1(x_j)$と$c_2(x_i)$は，それぞれが〝矛盾〟に相当するもの(上記の「論理」によるプロセスを経て，到達した最終〝矛盾〟に相当するもので，概念「*max. u*」の近傍の「ゆらぎ」の上から取られた２点であり，それらがたまたま「次元」が〝ずれて〟いた場合)で，「次元」の〝ずれ〟を，u関数の導入によって，「次元」を揃える操作したということである。$c_1(x_j)$と$c_2(x_i)$とは，元に戻せば，$i \neq j$で「次元」が〝違う〟ので，両者の等式は，「*max. u*」が持

$(u = u\ (c_1(x_j),\ c_2(x_i))$ ：統一関数)

〝矛盾〟

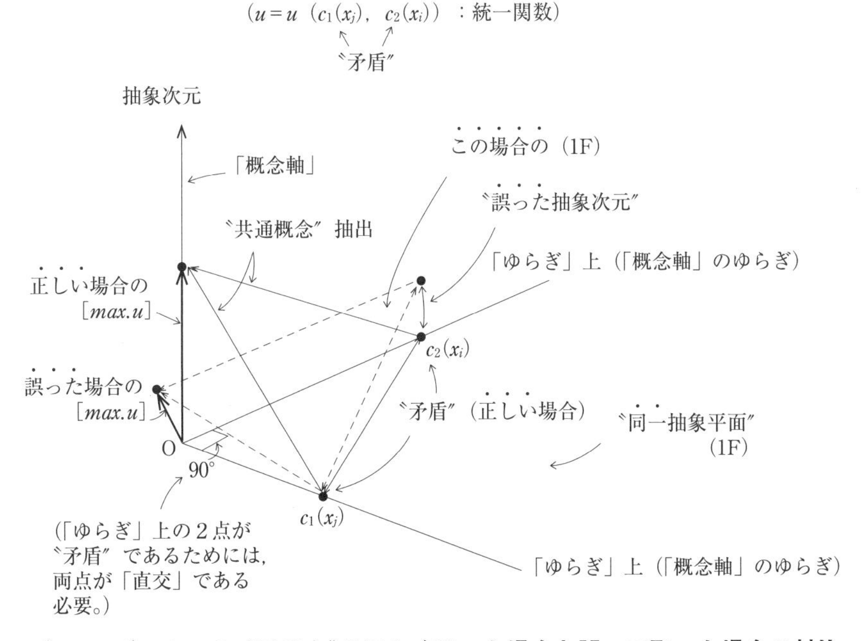

〈Fig.1·3〉　２つの〝矛盾点〟を正しく取った場合と誤って取った場合の対比（「弁証法」）の三角形)

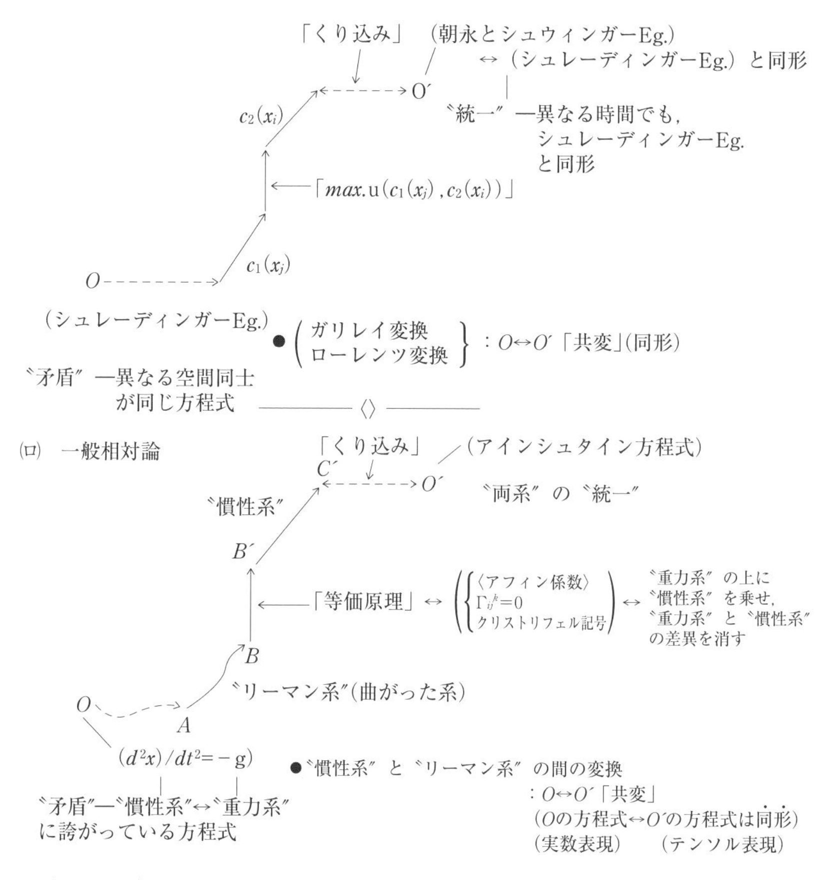

〈Fig.1·4〉 (イ)われわれの方法と「弁証法」，(ロ)一般相対論と「弁証法」

ち上げ(*lift*)役になって，　方が他方より1F だけ「次元」の高い処にあるということは，「次元」が同じ場合と同じだが，両フロアの床が平行のまま〝傾いて″いるのである。求める「概念」［$u\ max$］も，傾いたフロアから見ると，点にしか見えない(抽象概念)。その到達先は，本来の「概念軸」から外れる。

従って，$c_1(x_j)$，$c_2(x_i)$とを，同一の「抽象次元」にあるもの同士と思い違えた〝矛盾″であった今回の場合も，その〝矛盾″の〝統一″のプロセスは，「概念」による〝矛盾″の〝統一″，即ち「弁証法」の原理そのものであることに変りない。この場合，外れた到達点をそのフロアの〝矛盾″点の〝1つ″として，再度「水平面」上に相手を探せばよい。原点と到達点とで，「法則」の形を揃える迄，〝試行錯誤″の道を続ける外はない。(天才アインシュタインでさえ，「一般相対論」の方程式を導くプロセスで，〝試行錯誤″をしている。演譯，帰納，試行錯誤—３大接近法！)

§2.　波動力学とシュレーディンガー方程式

プランク，アインシュタイン，ボーア，ディラック，ド･ブロイ，ハイゼンベルク，シュレーディンガーと，多数の物理学者を経て，「波動」と「粒子」の〝二重性″が，素粒子の〝本質″だということが明らかにされ，辿り着いたのが，その「二重性」をそれぞれ取り込んだ運動方程式，1)波動方程式と2)シュレーディンガー方程式であった。

2･1　ド･ブロイの式

(1)先ずプランクが立てた「量子仮説」から始まる。
「振動数νの電磁放射(〝電磁場″の〝振動″の伝播)の放出･吸収に際しては，「エネルギー」は$h\nu$という値を単位として，その「整数倍」でしかやり取りが許されない」という仮説を立てた。(hプランク定数，その「整数倍」とは，びとびということである。($h=6.627\times10^{-34}$J･S)

(2)これを進めたのがアインシュタインの「電磁波は，「光子の集まり」と考えることが出来る」という彼の考えで，「光電効果」(紫外線を当てた金属表面から，放出される電子の速度が，入射紫外線の強度には関係なく，その波長λだけできまる，という実験結果)が見事に説明できる。金属に当てる光は，1個のエネルギー$h\nu$の光(光量子)の〝集まり〟であると考えて簡単に説明された。

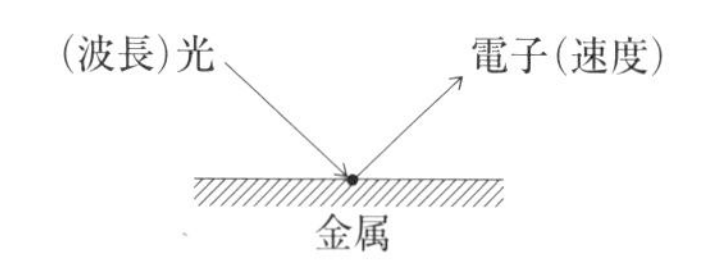

(3)量子論の原子への適用は，ボーアによってなされた。

原子核の囲りを電子が回っていると考え，古典力学と電磁気学を使うと，電子は絶えず電磁波を出し続け乍らエネルギーを失って，ついには核と合体してしまうことになり，このとき出す光(電磁波)は連続スペクトルを持つはずであって，実験事実と〝矛盾〟する。

そこでボーアは，次の2つの「仮定」を置いて，彼の「量子論」を建設した。

Ⅰ．原子系が長くとることの状態は，一連のとびとびのエネルギー値に対応する一定の状態に限られる。結果，電磁(光)放射の放出・吸収を伴なう系の「エネルギー変化」は，そのような2つの状態間の〝遷移〟によって生じる。これらの状態を「定常状態」と呼ぶ。

Ⅱ．2つの「定常状態」間の「遷移」の際に吸収･放出される電磁(光)放射は，振動数ν一定で，その値は次の式で与えられる。

$$E'-E''=h\nu$$ (h：プランク定数，E'，E''はエネルギー)

即ち，「定常状態」は，エネルギー「固有値」E_1，E_2，…に対応する一連のものだけに限られ，「定常状態」E_iからE_jへ「遷移」するときは，$|E_i-E_j|=h\nu$で与えられる振動数νを持った光子を，1個数吸収･放出する。

フランク・ヘルツ実験で，とびとびの「固有値」の存在が実証された。
「量子」とは，とびとびの「定常状態」間を「遷移」する（振動数一定で）粒子，又はとびとびの〝エネルギー幅〟のことである。

(4) しかし，ボーアの量子論が，電子の運動に関する〝情報〟は，光の放出・吸収で得られるものがすべてである点が，〝難点〟である。電子のような小さなものに，「何の〝遷移〟も与えず」に，光を連結して当てて，運動を観測するなど，不可能である。

そこで，「物理量（演算子）は，「遷移」を通して実測にかかるもの」であることが正しい「量子力学」であると考えて，提示されたのが，「行列力学」で，ハイゼンベルク提示。電子の運動中の座標の表現 $x(t)$ ―単振動の〝重ね合わせ〟―の係数 $a_\alpha^{(n)}$ ⇔「古典理論」である。

この古典的表現に対応して，それを一般化した，行列要素を

$$a(n,\ m)\exp(iw_{nm}t)$$

（w_{nm}：1秒間に同じ〝状態〟になる回数）

とした。軌道 $n \to m$ への〝遷移〟で，物理量が測定される，とハイゼンベルクは考えた。

w_{nm} はボーアの「振動数条件」$h\nu_{nm}=E_n-E_m$ から，

$$w_{nm}=2\pi\nu_{nm}=\frac{2\pi}{h}(E_n-E_m)$$

によって求められる量である。

「定常状態」$n \to m$ に対応する「物理量」は $(t=\sqrt{-t})$，

$$\begin{pmatrix} a(1,\ 1)\exp(iw_{11}\mathrm{t}) & a(1,\ 2)\exp(iw_{12}t)\cdots \\ a(2,\ 1)\exp(iw_{21}t)\cdots\cdots & \end{pmatrix}$$

これを，書き直したのがボルンで，これとは独立に「行列力学」を構築したのがディラックである。

「古典力学」と「行列力学」を対比すると以下のようになる。

(「古典力学」の物理量～〝非可換″～〝ポアソン括弧″
(「行列力学」の物理量～〝可換″← 〝適当な″「交換関係」で置き換える。

「量子力学」

(5) ド･ブロイの「波動力学」が，もう1つの流れである。

「物質」の「波動論」といってもよい。「物質」とは〝電子″のことである。上の流れでは，「物質」としては〝光子″が念頭にあった。〝光子″については明らかになった「二重性」を，〝統一″しようと考える代りに，その「二重性」が，これまで「粒子」と考えられていた〝電子″などにもあるのではないか。

〝電子″の「波動性」を予言した点で，ド･ブロイの正しさは後に立証された。

既述の通り，プランクによって，後にアインシュタインによって示されていたように，光子の場合には，エネルギーと運動量の大きさは，

$$\varepsilon = h\nu,\quad p = h\nu/c \qquad (c/\nu - \text{光の波長}\ \lambda)\ (0)$$

これは，

$$\varepsilon = h\nu,\quad p = h/\lambda \qquad (1)$$

とも書ける。

ド･ブロイは，「物質波」に対しても，この同じ(1)が成り立つと考えた。但し，光の場合，(0)から $\varepsilon = cp$ であるから，これを〝大きい″「粒子」(質量 m)「粒子」の場合，$\varepsilon = P^2/2w$ である。従って，V ボルトの電圧で加速した陰極線では，電子(電荷 $-e$)の得たエネルギーは eV だから，

$$P^2/2m = eV$$

$$\downarrow$$

$$\lambda = h/P = h/\sqrt{2meV}$$

これに，m と e の数値を代入すると，

$$\lambda=\sqrt{150/V}\quad \mathring{A}\quad (1\mathring{A}=10^{-10}m)$$

となる。$V\sim 100$ ボルトの程度の電圧では，陰極線の「波長」は $1\mathring{A}$ 程度になる。

この程度の波長の波なら，結晶内に規則正しく並んだ原子によって〝回折〞を起こすはず。デヴィッスン=ガーマー(米)，トムソン(英)，菊池正士(日)が，電子線の〝回折像〞を得て，ド・ブロイの $P=h/\lambda$ は，実証された。

2·2　シュレーディンガー方程式

(1)波動方程式

原子の中のような限られた空間内を運動する粒子に対するド・ブロイ波も，定常波(固有振動)をつくると考えられる。固有振動数は，ν_1，ν_2，…というように特定のとびとびの値になり，$\varepsilon=h\nu$ の関係を，これをもつエネルギー値もとびとびになる筈である。

ボーアが $\varepsilon=h\nu$(量子条件)で求めた「固有状態」，「固有値」を，「定常波」及びその「固有振動数」として求めることを考えたのが，ド・ブロイであった。「固有振動数」を知るために，「波動方程式」を求めねばならない。これがド・ブロイの着想であった。そして，それを発見したのが，シュレーディンガー(1926)であった。

「波が伝わること」と「空間及び時間の関数 ψ の〝変化〞が空間をつぎつぎ伝播すること」と等価である。空間を伝播する〝変化〞の主体 ψ を「波動関数」と呼ぶ。$\psi(\Upsilon,\ t)$ と書く。

さて，出発点として，「波の方程式」を措定する。位相速度 v(物体でなく「位相」自身が進む)として，$vt=w$ とおけば，

$$\begin{cases} \nabla^2\psi=\dfrac{\partial^2}{\partial w^2}\psi \Leftrightarrow \nabla^2\psi-\dfrac{1}{v^2}=\dfrac{\partial^2\psi}{\partial t^2}=0 & (0) \\ \psi(\boldsymbol{r},\ t)=\psi(\boldsymbol{r})e^{-2\pi i\nu t}(\text{位相}：-2\pi\nu t)\,(i=\sqrt{1}) & (1) \end{cases}$$

である。波動関数は，「定常波」の部分 $\psi(\boldsymbol{r})$ と「遷移プロセス」部分に分か

れている。後者の部分は，定常部分の「ゆらぎ」にもなっている。この部分に2点，矛盾点を見つけ，「定常波」部分へ〝統一〟が行なわれる。「共通(統一)概念」が「位相」$(-2\pi i\nu t)$である。〝統一〟先の「定常波」$\phi(\boldsymbol{r})$に対する方程式

$$\nabla^2\varphi+\frac{4\pi^2\nu^2}{v^2}\varphi=0$$

但し，$V/v=\lambda$，$\lambda=h/p$(ド・ブロイ)を代入する。

$$\nabla^2\varphi+\frac{4\pi^2p^2}{h^2}\varphi=0$$

(イ) (1)からエネルギーεは，運動エネルギーだけだったので，$p^2=2m\varepsilon$を入れると，この式は，

$$\nabla^2\varphi+\frac{2m\varepsilon}{\hbar}(\varepsilon-V(\boldsymbol{r})\varphi)=0$$

$$i,\ e,\ \left(-\frac{\hbar^2}{2m}\nabla^2\right)\varphi(\boldsymbol{r})=\varepsilon\varphi(lr) \tag{2}$$

これが「波動方程式」である。「定常状態」の〝遷移〟(移動)を表わす。ド・ブロイが定式化した「波」・「粒子」の「二重性」(矛盾)を〝統一〟した「結果」(本質)が，これである。

この〝矛盾〟は，(1)式の，〝波束〟の「重ね合わされた」結果の「不確定性原理」

$$\Delta\boldsymbol{r}\cdot\Delta p\lesssim h \tag{3}$$

の姿をとる。(Δは「不確性」を表わす)。(2)と(3)がセットで本項の解である。

(ロ) エネルギーに関する「ド・ブロイの式」$\varepsilon=h\nu$を(1)式に入れると

$$\phi(\boldsymbol{r},\ t)=\phi(\boldsymbol{r})e^{-i\varepsilon t/h} \tag{1'}$$

これをtで微分すると

$$i\hbar\frac{2\phi}{\partial t}=\varepsilon\phi(\boldsymbol{r},\ t) \qquad (2')$$

これも「波動方程式」である。〝遷移過程〟そのものを表わす。(2′)もまた，「不確定性原理」(3)とセットで解である。(〝統一〟と〝矛盾〟のセット)或いは(〝現象〟と〝本質〟のセット)。

現象としての「二重性」の「弁証法」による〝統一〟が「波動方程式」である。〝統一〟を可能にした「共通概念」が，「量子力学」であり，その内容は，「ド・ブロイ式」を「波の方程式」と組合わせたものである。因みに，「波の方程式」とは，「空間」の変化と，「位相」変化とをイコールと置いたものである。

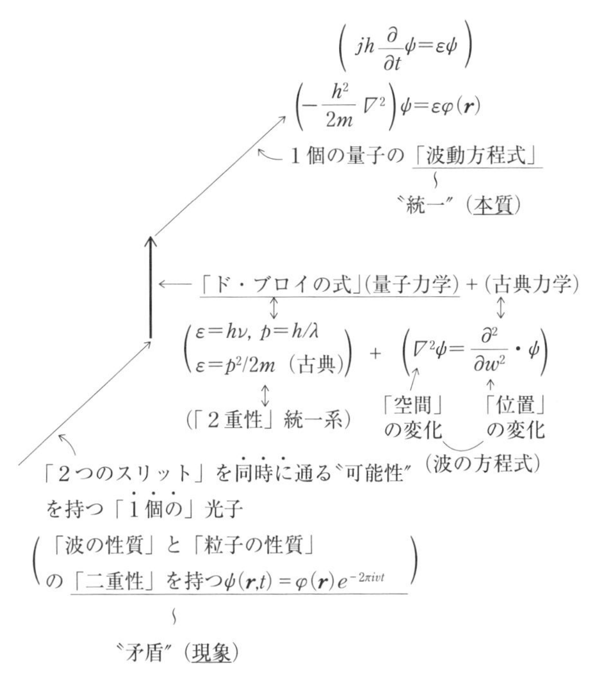

〈Fig.2·1〉「量子力学」による〝矛盾〟の〝統一〟(現象の本質化)

(2) シュレーディンガー方程式

「波動方程式」を求めるのには〝空間〟と〝位相〟を〝分離〟した「波動関数」と，整合的な，「運動エネルギー」のみの ε で方程式を作った。

これに対し，「シュレーディンガー方程式」の場合は，〝空間〟と〝時間〟とを分離しない「波動関数」$\phi(lr,\ t)$ と，ε に「運動エネルギー」に加えて，〝時間〟t を含んだポテンシャル $V(\boldsymbol{r},\ t)$ とが〝共存〟する方程式を「仮定」した。それが出発点だ。「仮定」した方程式は $(i=\sqrt{-1}$ として)

$$\left\{-\frac{\hbar^2}{2m}\nabla^2+V(\boldsymbol{r},\ t)\right\}\phi(\boldsymbol{r},\ t)=i\hbar\frac{\partial}{\partial t}\phi(\boldsymbol{r},\ t) \tag{1}$$

対応

である。これが「シュレーディンガー方程式」と呼ばれるものであるが，それは，具体的問題に適用して見て，その結果が実測に合うかどうかによって確められる条件つきであった。幸い，波は，その方程式を水素原子の問題に適用して，その結果が正しく実験と合うことを示した。

「波動方程式」の場合と異なり，「仮説」を初めに立て，それが「実証」によって「法則」として認められた(1926)。「定常状態」の方程式である「波動方程式」を特殊な場合として含む，「一般方程式」である。

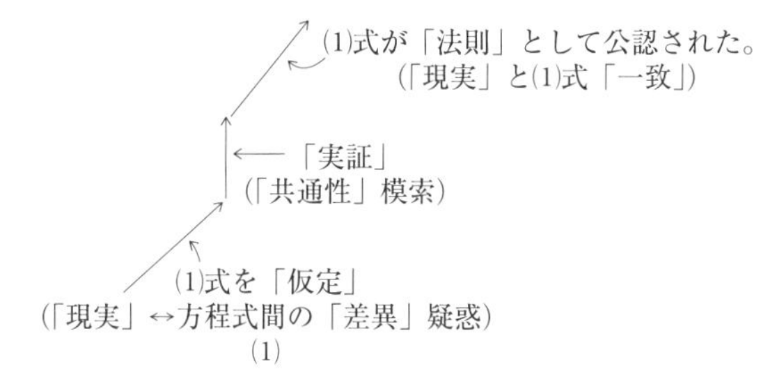

〈Fig.2·2〉 シュレーディンガー方程式の導出メカニズム（疑惑の払拭）

§3. 朝永=シュウィンガー方程式 〜「弁証法」図の〝締めくくり〟(C 点⇔ O′ 点の〝同一〟の証明→「くりこみ」)

3･1 「くりこみ」の必要性

本稿で，繰り返して描いてきた「弁証法」の図(Fig.3･1)の C 点と O' 点が〝同一点〟であることを，いままで無証明のまま，〝前提〟として説明をしてきた。3次元直交座標系(x, y, z 系)の，x—y 平面を，上から見ると，原点から出た45° 線上が，「定常点」のある〝均衡〟を与える。その45° 線上に〝垂直〟に立っている壁の高さが z 座標になっている。その空間で「弁証法」のプロセスを描いてきた，最大限に簡略化したものが，「〝3本〟の矢印図」です。完全に描けば，始原点 O(定常点)から終点 O'(定常点)までが描かれなければならない。O と O' と，法則(又は方程式)が「共変」でなければならない。そのプロセスの，始めの OA(=AB)と，最後の CO' とが〝省略〟されている。OA は AB と「同長」であるからであり，CO' は〝未証明〟の侭，両点が「同一」であるからである(「くりこみ)。この〝未証明〟を「証明」したのが，「朝永=シュウィンガー方程式」である。

3･2 朝永=シュウィンガー方程式

そこで，「弁証法」の証明を〝完結〟させるためには「朝永=シュウィンガー方程式」と，それから導出される「くり込み」のメカニズムを説明せねばならない。

3･2･1 朝永=シュウィンガー方程式の導出

(1)「相互作用表示」(方程式の導出の構造)と「不確定性原理」

(1)-1.　摂動・場・オブザーバブル・状態ベクトル

・「摂動」とは，系の運動を規定する方程式の中に現われる「演算子」(物理量)が，簡単で既知な部分のほかに，小さな「付加項」を含む場合，この「付加項」を，前者の定める運動に「小さな〝補正〟を加えるもの」と見做

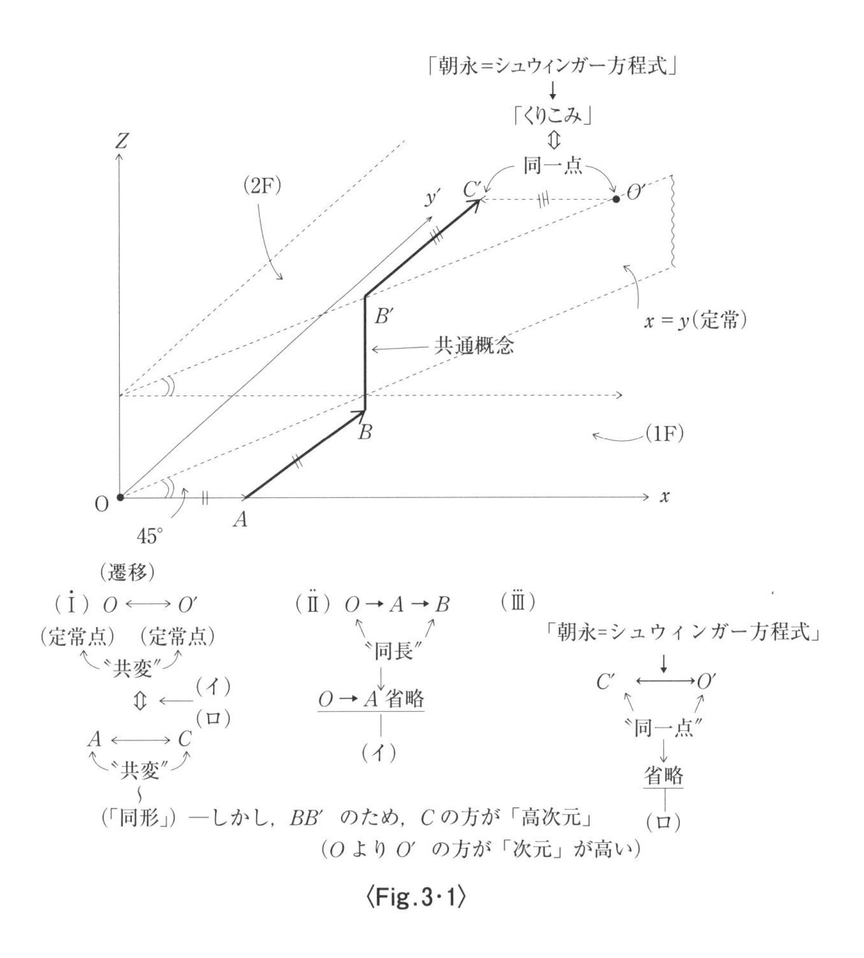

〈Fig.3・1〉

し，「摂動」と呼ぶもの。「ハミルトニアン」に関して用いられる。H＝「非摂動部分」H_0＋「摂動」H_1。

・「<u>場</u>」は，１つの量 A が，空間のある領域で，「各点の関数」として一義的に決定されるとき，A を〝場〞という。

・「<u>オブザーバブル</u>」は，量子力学的系に於いて，〝原理的に〞「観測可能」と考えられる「物理量」のこと。「物理量」は「状態ベクトル」に作用する「線形演算子」で表わされる。

・「状態ベクトル」は，シュレーディンガー方程式又は波動方程式に於ける「波動関係」と同じもの。それに「演算子」(物理量)が作用を加えて，運動方程式が成立する。ハミルトニアン H の作用の「相手」。

(1)-2．相互作用表示

「状態ベクトル」に作用して，その運動を促す「ハミルトニアン」H を，非摂動部分 H_0 と摂動 H_1 に分けるとき，時間 t とともに，「オブザーバブル」A を H_1 で，$A(t)=e^{iH_0t/\hbar}Ae^{-iH_0t/\hbar}$ のように動かして，状態ベトクル ϕ を，H_1 で，$U(t)\phi$ のように動かす表示。図式的に書くと，H は，

$$H \Leftrightarrow \left\{ \begin{array}{l} H_0(\text{非摂動}) \rightarrow A(t)(\text{「オブザーバブル」：〝演算子〟(物理量)}) \\ H_1(\text{摂動}) \rightarrow \phi \text{ に作用，但し，作用の仕方 } U(t)\phi \end{array} \right\}$$

のように作用する。

$$\text{但し，} \left(\begin{array}{l} A(t)=e^{iH_0t/\hbar}Ae^{-iH_0t/\hbar} \quad (i=\sqrt{-1}) \\ H_1(t)=e^{iH_1t/\hbar}H_1e^{-iH_1t/\hbar} \end{array} \right.$$

$$\text{更に，} i\hbar dU(t)/dt=H_{1(t)}U_{(t)} \rightarrow U_{(t)} \rightarrow U_{(t)}\phi$$

$$\Updownarrow$$

$$-i\hbar\nabla \Leftrightarrow (\phi,\ \pi)$$

これを「相互作用表示」という。

(2)朝永 = シュウィンガー方程式の導出プロセス

(2)-1．ハイゼンベルクとパウリによって始められた「場の量子論」は，質点系の「量子力学」の拡張として，〝場の量子化〟を次のように行っている。

一般座標系 q_s ($s=1,\ \cdots,\ N$) とその正準共役量 p_s の間に，〝正準交換関係〟

$$[q_s,\ p_r]=i\hbar\sigma_{rs},\ [q_s,\ q_r]=[p_s,\ p_r]=0 \tag{1}$$

(δrs はクロネッカー・デルタ)

を要求する(但し，$i=\sqrt{-1}$)。これが「量子力学」の〝基本部分〟である。

(「量子化」と等価：$-i\hbar\nabla \rightarrow \boldsymbol{p}$)

(2)-2．ハイゼンベルクとパウリは，〝場の演算子〟$\varphi(x)$とその共役量$\pi(y)$の間に，〝正準交換関係〟

$$
\begin{aligned}
&[\varphi(x),\ \pi(y)] = i\hbar\delta(x-y) \\
&[\varphi(x),\ \varphi(y)] = [\pi(x),\ \pi(y)] = 0 \quad (i=\sqrt{-1})
\end{aligned}
\tag{2}
$$

一方，〝場の演算子〟φとπが作用する相手である〝状態ベクトル〟Φは，シュレーディンガー方程式

$$
i\hbar\frac{\partial}{\partial t}\Phi(t) = H\Phi(t) \tag{3}
$$

に従って，時間変化をする。Hは系のハミルトニアンであって，φとπの汎関数である。

(2)-3．ハイゼンベルク＝パウリの理論では，最初に1つの「ローレンツ座標系」(特殊相対論を充たす座標系)を考え，その時間軸に直交する次元平面の関数として，〝場の演算子〟が与えられる。特殊相対論を充たす全ての座標系が，最初に選んだ座標系の時間tと同じ時間tをもって継がっている。しかし，これだと，理論が，初めに選んだ座標系によらずに，結果を与える保証はないことが，朝永氏の不満であった。(「ローレンツ変換」は，最初選んだ系 $x_0^2-c^2t^2=x_1^2-c^2t^2=x_2^2-c^2t^2=\cdots$)

そこで朝永氏は，〝交換関係〟と〝運動方程式〟が，共に座標系の取り方によらない理論形式を作ろうとした。

(2)-4．そのためのキーポイントは，〝相互作用表示〟の導入であった。つまり，〝場の演算子〟φ，π($(q_1-i\hbar\nabla) \Leftrightarrow U(t) \rightarrow U(t)\Phi$)に対しては，自由場の〝交換関係〟を使い，〝相互作用〟から出てくるものは，みんな〝状態ベクトル〟$\Phi(t)$の〝方程式〟(シュレーディンガー方程式)の方に入れてしまえば，〝形式〟は全て〝特殊相対論〟と〝共変〟な形になると考えた($v/c \ll 1$)は不変)。〝演算子〟φ，πは〝不変〟だから。(従って，$(q_1-i\hbar\nabla)$も不変)$\Leftrightarrow H_1$(摂動)不変だから。

つまり，系のハミルトン演算子H((3)式)を，〝自由場〟の部分H_0(非摂動部分)と〝相互作用〟部分(摂動)H_1に分け，かつ，〝場の演算子〟を次のように変換する：($A(t)$に当るのがφ，π －〝オブザーバブル〟)

$$\begin{cases} \varphi_1(x,\ t)=e^{iH_0t/\hbar}\varphi(x)e^{iH_0t/\hbar} \\ \pi_1(x,\ t)=e^{iH_0t/\hbar}\pi(x)e^{iH_0t/\hbar} \end{cases} \tag{4}$$

こうすると，$\varphi_1(x,\ t)$，$\pi_1(x,\ t)$は，それぞれ方程式

$$\begin{cases} i\hbar\dfrac{\partial}{\partial t}-\varphi_1,\ (x,\ t)=[\varphi(x,\ t),\ H_0] \\ i\hbar\dfrac{\partial}{\partial t}\pi_1(x,\ t)=[\pi(x,\ t),\ H_0] \end{cases} \tag{5}$$

を充たす。これは〝ハイゼンベルク表示〟での自由場の運動方程式に他ならない。〝ハイゼンベルク表示〟の運動方程式は，「〝シュレーディンガー方程式〟と全く〝同等〟」であることは，シュレーディンガー，ディラック等によって証明されている。

そして，自由場(相互作用していない)に対しては，〝交換関係〟(2)を，それと〝等価〟で相対論的に〝共変〟な〝交換関係〟

$$[\varphi_1(x,\ t),\ \varphi_1(y,\ t')]=i\hbar\varDelta(x-y,\ t-t') \tag{6}$$

に書き換えることになる。$\varDelta(x,\ t)$は，不変デルタ関数で，ローレンツ変換(特殊相対論に従った変換)で形を変えない関係である。

〝状態ベクトル〟の運動方程式のほうは，次のように書き換えられる。〝場の演算子〟φ，πの変換に対応してである。対応して，状態ベクトル$\varPhi$は

$$\varphi(t)=e^{iH_0t/\mathrm{h}}\varPhi_{(t)}$$

と変換され，交換後の〝状態ベクトル〟ψは，方程式

$$i\hbar\frac{\partial}{\partial t}\varphi(t)=e^{iH_0t/\hbar}H,\ \ e^{-iH_0t/\hbar}\varphi(t)$$

に従って時間変化する。ハミルトン演算子Hの相互作用部分(摂動部分H_1)

は，〝場の演算子〟の関数$\mathcal{K}(\varphi(x))$の空間で合計(積分)したもので書くのが普通であるから，上の方程式は，

$$i\hbar\frac{\partial}{\partial t}\varphi(t)=\int dx\mathcal{K}(\varphi(x,\ t')\varphi(t) \qquad (7)$$

と書ける。

〝場の演算子〟φと，〝状態ベクトル〟Φが，それぞれ方程式(5)と(7)に従って時間変化をする表示を「相互作用表示」というのである。

この表示では，〝場〟φ(およびπ)に対しては自由場の(自由に運動している〝場〟の)〝交換関係〟を使い，相互作用が出てくるものは全て〝状態ベクトル〟φの方程式の方に入れてしまっており，そのおかげで，〝場の交換関係〟が相対論的に〝共変〟な形(〝場の交換関係〟に従っての変化が，〝相対論的〟系変換を崩さない)に書けた訳である。

しかし〝状態ベクトル〟の運動方程式(7)の方はまだ〝時間〟と〝空間〟とを区別した形をしている。即ち，時間と空間がセットで運動方程式を充たしていないから，相対論を充たす(ローレンツ変換を充たす)各種時間空間のセット(即ち各系)は，運動方程式(7)を充たさない。

(2)-5．そこで朝永氏は，次のようなことを考えた。

〝場の量〟を知るためには，〝空間〟のいろいろな点で〝場の値〟を「測定」しなければならない。〝状態ベクトル〟が〝時間〟tの関数であるということは，この「測定」が全て同じtで(同時に)行なわれることを前提にしている。しかし，そこで，異なる点での「測定」が同時刻でなくてもよいとしたらどうなるか。但し，まず，それぞれの「測定」が互いに干渉し合わないという条件をつけた。その上で各「測定」の間の原因と結果の非分離を避けねばならない。「完全分離」にできれば，各系は独立に「特殊相対論」を充たす。つまりtで継がらないようにしたい。そのためにはどうすればよいか。

まずつけた上述の条件とは，x_1の「測定」時刻t_1に，点x_2での「測定」がt_2に行なわれたとすると(2つの測定が，独立である前提条件とは)

$$(x_1-x_2)^2-c^2(t_1-t_2)^2>0 \tag{8}$$

である。(これをスペース・ライクという。)

(2)-6.　この前提条件(8)の上で，次のように考えた。

時空間に，その上の任意の2点が常に(8)を充たしているような〝超曲面″Cを考える(〝空間的超曲面″という) 〝超曲面″が空間的であるという上式の性質は，座標系のとり方によらない。Cの上の各点で〝場の値″を「測定」すれば，〝場の状態″がきまるから，〝状態ベクトル″$\varphi(t)$を〝Cの汎関数″$\varphi[C]$に一般化することは自然である。(tのわずかな変化が，Cのわずかな変形に対応する。)このように導入された$\varphi[C]$はCがわずかに変形して別の〝空間的起曲面″C'になったとき，その変化が次のような方程式で表わされると朝永氏は主張する：

$$\varphi[C']-\varphi[C]=\frac{1}{i\hbar}\left(\int_C^{C'}dxdt\mathscr{H}_1(x,\ t)\right)\varphi[C] \tag{9}$$

(但し，$\mathscr{H}_1(x,\ t)=\mathscr{H}_1(\varphi_1(x,\ t)$と略記した。)

右辺の積分は，CとC'で挟まれた4次元領域での積分を意味する。この式が，(7)式の一般化になっている。その理由は，1つの座標系を定めて，C'とCを，それぞれ，$t+dt$とtで時間軸に〝直交″する〝超平面″にとると，(9)式の左辺は$\varphi(t+dt)-\varphi(t)$，右辺は$\frac{1}{i\hbar}dt\int dx\mathscr{H}_1(x,\ t)\varphi(t)$となるから，(7)式に一致することである。「曲面$C$，$C'$の乗る平面が，$t-x$平面に「〝垂直に″立っているのである。」(上から見ると，それぞれC曲線，C'曲線にしか見えない。—「C曲面」，C'曲面は，4次元平面$x-t$から〝見えない″ことは，これが「抽象概念」であることを意味する。空間の「次元」が上がると，元の空間からは見えない。—「概念化」)

Cとして，C上の点Pのごく近くだけでCと異なる面をとり，C'とCに挟まれた小さな領域の4次元体積をω_pとして汎関数微分を

$$\frac{\delta\varphi[C]}{\delta C_P}=\lim_{C'\to C}\frac{\delta[C']-\delta[C]}{\omega_P}$$

と定義すると，式(9)は

$$i\hbar\frac{\delta}{\delta C_P}\varphi[C]=\mathcal{H}_1(p)\varphi[C] \tag{10}$$

となり，式(3)と似ていて，しかも座標系のとり方によらない形の方程式が得られた。この方程式を「朝永=シュウィンガー方程式」とよぶ。

〝この方程式〟と，〝場の運動方程式(5)〟および〝変換関数(6)〟を併せる，場の量子論の共変形式が完成した。

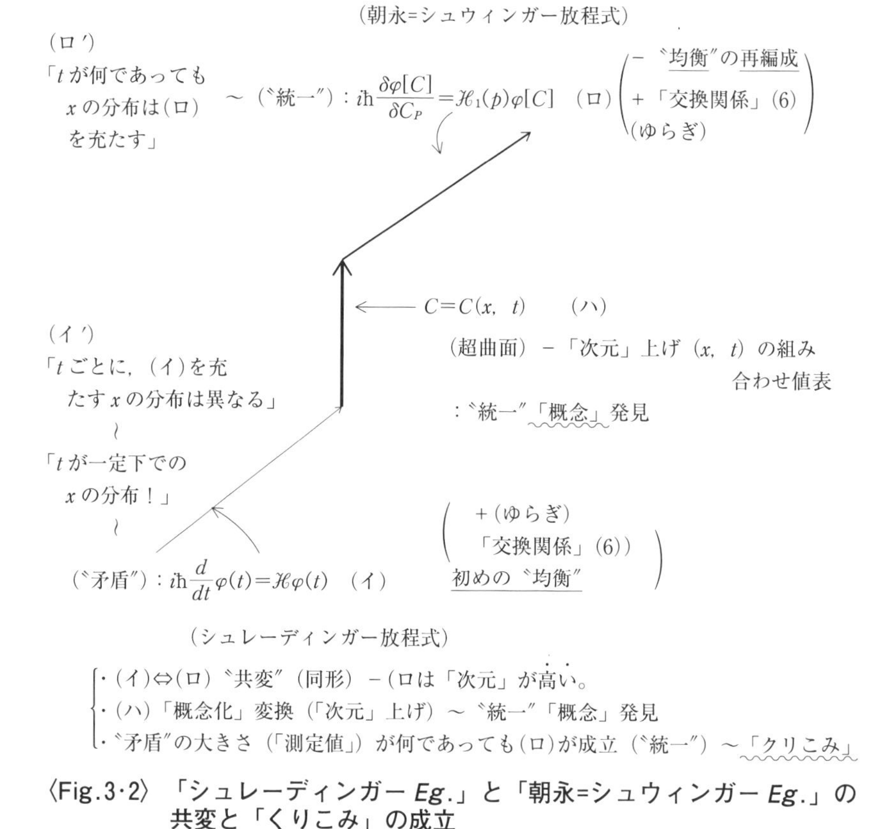

〈Fig.3·2〉「シュレーディンガー *Eg.*」と「朝永=シュウィンガー *Eg.*」の共変と「くりこみ」の成立

3·3　くりこみ

前々図(Fig.3·1)で,「測定値」B′C がいくらの値であっても,その値を(10)に代入すると,(10)式は充たされる。(10)式は,元の系の「均衡」を与える(3)のシュレーディンガー方程式が,異なる t ごとに x(空間値)の「測定」を行なわなければならない,その〝矛盾″を〝統一″した式で,x の「測定値」(矛盾)の大きさに関係なく成立し,系を「再編成」(均衡)する(O′ 点で)。

つまり,「測定値」を(10)式に代入すれば必ず充たされる,従って,(3)式との「測定値」との〝差異″B′C は,必ず,C 点と均衡点 O′ の長さ CO′ に等しくなる。故に,C 点と O′ 点が,実は同じ〝再均衡点″ということになる「場の量」の「測定値」を,その侭,(10)式(朝永=シュウィンガー方程式の状態関数)に〝ブチ込んで″しまえば,必ず他の変数値(実は「質量」値)が正しく出てくるのである。「時間」t を,「超曲面」$C(x, t)$ に「次元上げ」しなかったら,「質量」の計算値には,必ず〝無限大発散″が出てしまう。「次元上げ」しない 1F でなく,「1 次元高い」2F に「質量」はあったのだ。

1F の計算式で〝無限大発散″が出たら,そこに「測定値」を「くり込め」ばよい,ということが,「起曲面」BB′ —〝梯子″—の導入で判明したのである。このときを「くりこみ」と呼ぶのである。

人間の〝体″も同じである。初め「健康」であった〝体″の一部に〝異物″が入り込んだら,〝体全体″が「バランスを崩す」。しかし,やがて「免疫」(概念)の成立で,〝体″は再度「健康」を取り戻す。〝異物″を含んだ侭で。従って,再バランスした「健康」は,普遍性(次元)の高い「健康」になっている。これを,「免疫」を作らないで,その侭,〝異物″を殺そうとしたら,〝体″が,〝発散″してしまうかも知れない。

なお,朝永振一郎氏は,彼と独立にこの方程式を導いた導いたシュウィンガーと共に,又,ファインマンも加えて,日本人 2 人目の,ノーベル物理学賞を与えられた。この方程式と,「くりこみ」の発見の業績が評価された。

蛇足乍ら付け加えると,「1 次元」上は,当該次元から〝見えない″といま迄言ったが，ここで〝見えない〟は，〝発散する〟という形をとるということである。「超曲面」C を導入すれば，「1 次元」上が〝見える〟のである。〝普遍性〟が上った（〝抽象度〟が上がった）C によって，「1 次元」上に出ると，「1 次元」上がきちんと〝見える〟。「弁証法」だ。これを繰り返してゆけば，3 次元空間で見えなかった。「4 次元」，「5 次元」が〝見える〟ようになる…。そして「n 次元」まで。

結　言（I）

§1. 結論の要約，その他

(1) 筆者は，後記「履歴」どおり，多少複雑な遍歴を辿って来ている。そのため，結果として，物理学，経済学，哲学，の3つの学問を学びかつ研究してきた。多くの学者は，他方，自己の学問の〝垣根″を死守して，その中でのみ〝深化″していると拝察される。しかしそれでは，いくら〝深化″しても，「何も」解ったことにはならない。他の〝垣根″中との関係が分らなければ。

そこで筆者は，「不完全」なことを承知しつつ，上記「3学問」を〝通底する″不変の「原理」を抽出して，「空間の構造」と称して出版したのが本書である。

「結果」は，同一「抽象レベル」面で，現象（ゆらぎ上）を2つづつ任意に採って，その間の〝矛盾″（独立性・トートロジー）を〝統一″する「概念」の抽出を行い1つ上の「抽象次元」に上がる。現象のセットは，同じ面上に多数組あるから（恐らく無限大個），次々にそれを行って上に上げる。全部行ったら，その上がった面上に並ぶ〝統一″点から再度2つづつ〝矛盾″を採り出して〝統一″して更に上の面に上がる。セット数が半分に減りつつ，「単一の概念」点に近づく。(哲学者カントの神)

この「ワンステップ」が「弁証法」である。初め面と，〝統一″点が「同形」(〝対称性″）である。

出発面で，初めに〝統一″したセットに記号〝1″を付け，次に〝統一″したセットに記号〝2″を付ける…。こうして付けた記号を本書で「数」と呼ぶ。但し，この方法で上に上がる操作を「2進法」という。こうして〝10″まで記号を付されたセットを，改めて，ワンセットとして上に上がるのが「10進法」である。

(2) 本稿の執筆途中で，某氏から容喙を受けた。弁証法で「不変原理」を説明する対象としての「現象」として，与謝野晶子や俵万智の名を出して，女性の性意識の変化を，「乱れ髪」とその「現代語訳」の〝同形性〟を，「時代の流れ」（進化）が媒介している結果だと〝説明〟したものだが，与謝野晶子や俵万智の名前と性意識などの言葉だけ，「現象」面だけを見て，「週刊誌」なみの本に堕した，と〝酷評〟された。他にも，三島の「背徳と美」や，岸恵子の人生を，出したことも，「週刊誌」と評した理由である。

出来るだけ〝矛盾〟の幅を拡げて，「普遍性」を大きくすることが，著書の「意図」であることには，批判者は，一顧だにしていない。

「折々のことば（鷲田清一）より」

実生活でいちばん偏屈なのは，ぜんぜん信念を持っていない人である。

G. K. チェスタトン

怒声とともに批判する人たちは，批判を向けるその対象のことをよく知らない。対象たる人々やその考えに「無関心な」人，しかも自身の「意見を持たない」人に限って，相手を頭から詰(なじ)り，迫害すると，英国の作家はいう。明確な思想を持つ人は色んな思想に習熟している狂信に陥らない。偏狭なのはむしろ，よく考えない人だと。」『異端者の群れから』

望月新一教授の「IUT」理論が，仲々世界の数学者に理解されなかったように，「弁証法」の発想も，同じような，複数の「宇宙断面」（望月氏はこれを「宇宙」と呼んだ）を見る原理であるため，多くの人々の理解の外にあるためだろうか。

§2. 謝辞

いつもながら，出版を快諾された御茶の水書房代表取締役橋本盛作氏に感謝申し上げたい。

小堺章夫氏にも，いつもながら，原稿依頼以後，一際の業務を御世話下さった。感謝に耐えません。

更に，立正大学経済学部長，王在喆氏には，版権の転移を快諾された。感謝します。

両手に杖を持ち乍らの歩行訓練をし乍らの80歳半ばでの原稿書き，流石に身体的にも〝脳力〟的にも難渋した。これが最後の本になるか。できれば，もうひと頑張りしたいのだが，私の宇宙観（人生観）の集大成（完全な「単一化」）できるまで。1つだけ書き残したことがある。

われわれ人間の棲んでいる地球が含まれる「宇宙」の年令は138億年であることが分かっている。それに比べれば，人間の寿命80年など点の点の点にもならない。空間的にも同様である。人間及びそれの現象など取るに足らない。

その人間が「意識」という現象を持ち，その「意識」が，「宇宙」及び「宇宙」内の〝あらゆる「存在」〟を認識する。即ち〝作る〟。しかも過去に遡って。果して，われわれは，われわれの行動範囲—〝地球〟—内の事象でしか意味を持たないと考えてよいのだろうか。「蟻んこ」が，その縄張りを全宇宙と考えて（？）いるのと同じだろうか。行動範囲（時間的・空間的）で意味あることは〝対称〟であろうか。われわれの「宇宙」も，「蟻んこ」の「宇宙」と〝対称〟であるかも知れないように，〝より大きな〟「宇宙」と〝対称〟であろうか。

もし，大きさに〝限界〟があるとすれば，そこから先は何だろうか。「真空」だとしても，「ゆらぎ」を含む。それは，逆に〝小さい限界〟と繋がっているのではないか。つまり，個々の「私」にとって，「宇宙」は円環を成しているのではないか。〝小さい限界〟とは，素粒子物理学が探求している「存在」の〝最小単位〟のことである。又，「意識」はどうやって生まれたのか。
最後に，「空想」を述べておいた。残された課題である。

2020年8月

池田宗彰

§3. 哲学者・鷲田清一「山崎正和さんを悼む」を読んで

本稿の結びを書いている矢先に，劇作家，美学者，評論家，等のいくつもの顔を持つ山崎正和氏が逝去され，それに対し哲学者・鷲田清一氏が追悼文を新聞に寄稿した。それを筆者なりに「要約」すると，以下のようになる。

(1) 相転移（弁証法）—「文化」の創出：
系の「役」(role) —〝疎外〟要因—を忠実に果たすことで，系の〝外〟に立つのが「自由」！（意識が醒める！）これが現象。
〝理性〟を極めれば極めるほど，極まる瞬間に，系は〝理性〟によって〝陶酔〟に転化する。この反転が系を壊わす直前に，新しい〝理性〟が生まれる！それが「文化」である。

(2) 時代の診断の手さばきの独創性：
時代を診断するには，時代（現象≡〝ゆらぎ〟）の「公理」に遡らねばならない！その公理は，互いに〝モツレ〟て (entangled) いる（新井新一氏）！その〝モツレ〟をほどいて，公理相互を〝独立〟にしてからではなくては，時代（現象）を〝公平〟に診断出来ない，〝独立〟の「公理」間の〝矛盾〟の〝統一〟でなくてはならない！
「時代の〝診断〟」は，時代の〝現象〟の「公理」に迄，遡らねば，「〝現象〟

間での〝因果〟」を明かしたに過ぎない。〝現象〟には，必ず限りない〝来歴〟がある。〝現象〟の「違い」は〝来歴〟の「違い」である。その〝来歴〟は，「公理」まで遡って比較せねばならない！

現在の〝現象〟としての，〝人間〟間の〝善悪〟を，その侭比較して評価できない。それ故。

コロナ時代は，コロナの蔓延による，というように，殆んどトートロジーになってしまう。その〝診断〟には，別のトートロジーを持って来て，それらが互いに〝矛盾〟であることを「証明」せねばならない。「論理」で。

そうして得られた「公理」（その段階での〝統一〟）は，別の「公理」とエンタングルしている！そこで「公理」間の〝矛盾〟を更に〝統一〟していって，単一の「公理」に到達する迄〝統一〟する必要がある！こうしないで，途中でやめると，「公理」同士の比較が出来ない。従って，〝現象〟同士の〝診断〟は出来ない！

(3)「自由」の逆説：((1) に戻ると)，社会（系）の中に留まることで，即ち〝疎外〟を〝拒む〟ことで，その社会（系）の〝外に立つ〟ことを，云い換えれば群れること，流されること，依存することを，(即ちその社会（系）の「ロール」(role) に忠実になることを，) 自ら禁ずることで，「自由」を保持すること」を〝自恃〟できる。

しかし，山崎氏は，逆に，「ロール」に忠実に行動することで，「自己疎外」を強め，「自由」を得ることを説いた。逆説的に，「自由」を説いた。

例えば，学者であれば，「専門」からの「自由」は，「専門」を忠実に守ることを，自ら禁ずることで，「専門」の外に出ること！しかるに，あれもやり，これもやりで，それらを並立させただけでは，単なる教師で，研究者（哲学者）ではない。研究者（哲学者）とは，〝専門〟の垣根を越えて，あらゆる空間に共通な「空間の構造（不変)」を明らかにするもののことである！（「自由」だから可能)。

教師の「役」に同一化することが「自分自身」である人は，それで「自由」であるが。

結　言（Ⅱ）

上記原稿を書き終えた翌日の新聞に，高名な御二人の碩学の詳しい対談「いま改めて，人間と生命について考える」が掲っていた。山極壽一氏（霊長類学者・京大総長）と，松井孝典氏（惑星物理学者・東大名誉教授・千葉工大学長）との対談である。

刺激されて，筆者も，未練がましいが，理解と感想を付け加えて，本書を弁証法的に締めくくりたい。3点ある。(2)，(3) は〝進化〟に関わる。

(1) 20万年前，偶然，宇宙に，弁証法が成り立つシチュエーション（条件揃い）が揃った。20万年前，〝生命〟（われわれ）が発生した，ハードとソフトとして。そのソフトが我々の〝外に〟ソフト（AI）を作り出した。ところで，

本文で述べたように，〝意識〟が，われわれ（私）に，〝存在〟（私の内・外のハード（客観）とソフト（主観））を作らせる〝主体〟である。

われわれ〝内・外〟の〝ソフト〟が，〝意識〟を司どる。〝意識〟が〝作った〟（内・外）の〝ソフト〟が〝意識〟を支配する。〝ソフト〟がハードとセットで〝生命〟を作る。ハードとソフトを作る。〝生命〟が〝生命〟を作る。トートロジー（独立）である。

〝トートロジー〟としての〝生命〟が，これと〝矛盾〟した〝トートロジー〟としての〝生命〟と〝統一〟される。〝統一〟を媒介するのが〝遺伝子〟！〝ゲノム〟の〝共通部分〟（ハード）が，〝統一〟概念（ソフト）としてワンステップ上に上に上がって成立している。〝ゲノム〟は，〝共通〟だけでなく，〝矛盾〟（差異）を含んでいるから，〝統一〟メカニズムが働く！〝共通〟がトランスファーされる！〝生命〟は（共通）〝概念〟から生まれる！

(2) 〝素粒子〟の集まり（ミクロ）から，異なる〝粒子〟同士の〝統一〟がなされてゆき，人間にとって〝見える〟抽象レベル（マクロ）の〝物理量〟の1

つの（熱・エネルギーの）〝法則〟（統一量と統一量の法則）が，〝エントロピー〟と，〝時間経過〟は，〝整合〟する，というものである。〝時間〟の〝方向性〟（一方向）は，〝ニュートン力学〟から導かれた。〝その時間方向〟と〝エントロピー数方向〟の〝整合性〟が〝熱力学第２法則〟である。

各〝統一〟レベルごとに〝法則〟がある。人間に見える〝レベル〟の〝法則〟の１つがこれである。〝別の〟レベルでは，〝時間〟変数の〝一方向性〟は言えないかも知れない。このレベルの〝法則〟である〝ニュートン力学〟を〝確定〟するために，このレベルでの〝時間方向〟を，他のレベルでの，〝時間対応変数〟にも，この〝方向性〟を当て嵌めた。

(3)「進化」と「熱力学第２法則」の〝両立〟は，果してないのだろうか。

(イ)　「生物の〝ヒエラルキー〟」⇔「時間経過」
（価値尺度）　↓
「進化」

(ロ)　「エントロピー〝増加〟」⇔「時間経過」
↓
「熱力学第２法則」
（両方向矢じりの矢印⇔は〝整合性〟を意味する。）

この点が，両氏の「討論」の〝主題〟であった，と理解している。昔から，生物学者と，物理学者の間で，「進化論」を認めるか否かの論争がある。

(ハ)　「時間」（開放系のパラメーター）の〝一方向性〟：

〝時間変数〟は，人間が見ることができる〝事象〟の変数が存在する〝抽象〟次元（〝統一〟される２つの〝矛盾〟が存在する次元）では，他変数と共に法則性があって，「ニュートン力学」が作られた。この「力学」では，〝時間変数〟を，どの向きに動かしても，「法則」の「形」は崩れない。そこで，〝時間変数〟（パラメーター）を〝一方向〟と決めた。

(ニ)　生物の〝ヒエラルキー〟は「価値尺度」を根拠とする。「価値」概念に「数」概念を含めると，且つ，(イ)・(ロ)と，(ハ)を組み合わせると，生物の「進化」が，物理学の「熱力学第２法則」と両立し得る。

(ホ) そのためには，「価値」概念の「公理」と，「熱力学第２法則」の「公理」の〝エンタングルメント〞が〝ほどけて〞，両「公理」が共に〝独立〞になればよい！

～本書の稿初に述べた「IUT 理論」が，最後に「IUT 理論」に戻ったかに見える。「前者」と「後者」の間に，〝統一概念〞があれば，（本書本文が〝矛盾〞の〝統一〞になっていれば，）本書は「弁証法」そのものである。

(4) 補足（ウイルス来襲の意味）

人間の精子が卵子に，殻を破って入り込むメカニズムと，ウイルスが人間の細胞（遺伝子を内包）に入り込むメカニズムが似ていると云われている。又，人間の DNA の一部はウイルスの DNA で構成されている。ウイルス来襲は，人間との間に，新しい複合〝種〞を作ろうとしていることではないか。

(5) 補足２（経済学と金儲け）

(A)「後輩経済学者の矮小化に驚く！」（まだ「こんなこと」言っているのか！）

（「経済学で金儲け（「役に立つ A」できる！」↔「行動の経済学」採用）

↑

〝戦争〞（「苦難 a」）を知らないせい！↔「苦難 a」の〝視聴〞のみ！

↔他者の「苦難」への〝無知〞！

↔〝無罪〞の主張の〝特権〞（「こんなこと」言っていい！）

(B)われわれの「苦難 a」は「生きるための〝条件〞」

（こういう〝条件〞で生きてみろ！〝条件〞が〝難しいほど〞あなたは〝高く買われている〞！）

「哲学」（統一の完結）

↓

「幸せ」（役に立つ B）

（「役に立つ A」→「役に立つ B」は〝同形〞であり乍ら「次元」が違う。）

参考文献

池田宗彰『「生きた系」の理論（経済学序説）―生命とは何か』（2003），御茶の水書房
池田宗彰『物質・生命・心理とは何か（社会・人文科学序説）―物理学からの統一説明―』（2010），御茶の水書房
小出昭一郎『量子力学（Ⅰ）』（1990），裳華房
朝永振一郎『量子力学（Ⅱ）』（1952），みすず書房
中村孔一〝朝永・シュウィンガー方程式〟，『数学・物理 100 の方程式』（1989），日本評論社
佐藤勝彦『相対性理論』（1995），岩波書店
『岩波理化学辞典』（第 4 版）（1989），
『現代哲学辞典』（1992），講談社
加藤文元『宇宙と宇宙をつなぐ数学― IUT 理論の衝撃』（2020），角川書店
(Fumiharu Kato 『Mathmatics that bridges universities』（2020）
A. W. Phillips, “The Relation between Unemployment and Rate of Change of Money Wages in the United Kingdom”, Economica, November 1958.
W. L. Smith, “A Graphical Exposition of the Complete Keynsian System”, The Southern Economic Journal, October 1956――――――――文献(2)
M. フリードマン，「インフレーションと失業」，東洋経済新報社
「日経総合経済ファイル」(NEEDS)
“Economic Report of the President,” February 1992.
Shozabro Fujino, “Aggregate Demand and Aggregate Supply Functions Reconsiderd” in Money, Employment, and Interest. Ch.7, 1987. Kinokuniya Company Ltd.――――――――文献(6)
藤野正三郎，「日本のマネーサプライ」勁草書房，1994 年
池田宗彰，〝インフレーションと失業（試論的講義案）～統一需要曲線・総

供給曲線の再考を中心に″，1995 年 3 月，立正大学『経済学季報』第 44 巻3・4号

著者紹介

池田　宗彰（いけだ　むねあき）

1937年東京都生れ。早稲田大学第一理工学部退学後，東京大学文科Ⅰ類を経て経済学部卒業。日本興業銀行勤務を経て東京大学大学院博士課程満期退学。立正大学経済学部教授を経て，現在同大学名誉教授。理論経済学並びに金融論専攻。

《主著》
『金融的不安定性の経済学（Ⅰ）：日本の銀行行動の一般理論』，1991年，ライブ出版
『金融的不安定性の経済学（Ⅱ）：金融恐慌の理論』，1992年，ライブ出版
『「生きた系」の理論（経済学序説）——生命とは何か——』，2003年，御茶の水書房
『物質・生命・心理とは何か（社会・人文科学序説）——“物理学”からの統一説明——』，2010年，御茶の水書房
『手さぐりでわかる人生の形——いきな人生 やぼな人生——』，2017年，御茶の水書房

「空間の構造」～弁証法（物理学・経済学・哲学の共通原理）

2020年12月10日　第1版第1刷発行

著　者　池田宗彰
発行者　橋本盛作

〒113-0033　東京都文京区本郷5-30-20
発行所　株式会社　御茶の水書房
電話　03-5684-0751
FAX　03-5684-0753

Printed in Japan　印刷／製本：東港出版印刷

ISBN978-4-275-02136-6　C3033